NHK
趣味の園芸

12か月
栽培ナビ

オリーブ

岡井路子
Okai Michiko

12か月
栽培ナビ
Olive

目次
Contents

| 本書の使い方 | 4 |

オリーブの基本と楽しみ方　5

オリーブの魅力	6
オリーブはどんな木？	8
オリーブ栽培で知っておきたいこと	10
果実をたくさんつけさせるために	12
品種選び	14
おすすめのオリーブ品種	16
オリーブの成熟度カラースケール	22
オリーブを味わう	24
オリーブのクラフト	32

12か月栽培ナビ　35

 オリーブの年間の作業・管理暦 ……………… 36
 1月 …………………………………………… 38
 2月　冬の剪定／強剪定／仕立て方／施肥／土壌改良 …… 40
 3月　植えつけ、植え替え …………………… 52
 4月　ソフトピンチ …………………………… 60
 5月　人工授粉 ………………………………… 62
 6月　台風対策／摘果／日々の剪定 ………… 64
 7月 …………………………………………… 68
 8月 …………………………………………… 70
 9月　グリーンオリーブの収穫 ……………… 72
 10月 …………………………………………… 74
 11月　ブラックオリーブの収穫 ……………… 76
 12月 …………………………………………… 78

オリーブの病気や害虫と対策　80

オリーブのふやし方 ……………………………… 86
オリーブ Q&A ……………………………………… 88
日本のオリーブ栽培の歴史 ……………………… 92
オリーブの苗木が買える主なショップ ………… 94
用語ナビ …………………………………………… 95

Column
 ガミラ・ジアーさんのブラックオリーブの塩漬け …… 29
 オリーブ紀行① 太古の時代から特別な木だったオリーブ …… 41
 どんなに枝を切っても大丈夫 ………………… 46
 微量要素が不足すると ………………………… 50
 オリーブの盆栽 ………………………………… 53
 オリーブ紀行② 小アジアから世界へ ……… 59
 オリーブ紀行③ 1000年生きている古木 …… 71
 ポリフェノールがたっぷり …………………… 75
 オリーブオイルをデザートに ………………… 77
 オリーブ紀行④ 人々の生活を支えてきたオリーブオイル …… 79
 苛性ソーダの取り扱いについて ……………… 93

本書の使い方

ナビちゃん
毎月の栽培方法を紹介してくれる「12か月栽培ナビシリーズ」のナビゲーター。どんな植物でもうまく紹介できるか、じつは少し緊張気味。

本書はオリーブの栽培にあたって、1月から12月に分けて、月ごとの作業や管理を詳しく解説しています。また、主な品種の解説や病害虫の防除法などを、わかりやすく紹介しています。

*「**オリーブの基本と楽しみ方**」（5〜34ページ）では、オリーブの栽培の基本や代表的な品種、オリーブを使った料理のレシピやクラフトなどの活用法を紹介しています。

*「**12か月栽培ナビ**」（35〜79ページ）では、月ごとの主な作業と管理を、初心者でも必ず行ってほしい 基本 と、中・上級者で余裕があれば挑戦したい トライ の2段階に分けて解説しています。主な作業の手順は、適期の月に掲載しています。

今月の作業をリストアップ

基本 初心者でも必ず行ってほしい作業

トライ 中・上級者で余裕があれば挑戦したい作業

今月の管理の要点をリストアップ

*「**オリーブの病気や害虫と対策**」（80〜85ページ）では、オリーブに発生する主な病害虫とその対策方法を解説しています。

そのほか、巻末では「オリーブのふやし方」「オリーブQ&A」など、プラスアルファの栽培情報を紹介しています。

- 本書は関東地方以西を基準にして説明しています。地域や気候により、生育状態や開花期、作業適期などは異なります。また、水やりや肥料の分量などはあくまでも目安です。植物の状態を見て加減してください。
- 種苗法により、種苗登録された品種については譲渡・販売目的での無断増殖は禁止されています。さし木やつぎ木などの栄養繁殖を行う場合は事前によく確認しましょう。

オリーブの基本と楽しみ方

美しい銀白色の葉を観賞し、果実を食し、
オイルやクラフトにも活用できるオリーブ。
暮らしを豊かにする木といえるでしょう。

オリーブの魅力

1 常緑樹なのに風を見せてくれる

　風が吹くと枝が揺れ、ひるがえった葉裏の銀白色がきらめきます。まるで風の通り道を教えてくれているよう。ほかの常緑樹にはない、そんなたおやかさが、オリーブの魅力の一つでしょう。常緑樹なので一年中、緑の葉を楽しませてくれます。

2 日本でも品種がふえて楽しみ方が多様になった

　地中海沿岸地域でのオリーブ栽培は有史以来の歴史をもち、品種は世界に1000以上あるといわれます。それに対し、日本での栽培の歴史は100年と少ししかありません。

　しかし、最近では日本でも多くの品種が手に入るようになり、とても身近な木になってきました。上にすっと伸びる樹形の品種、こんもりと茂る品種、果実が大型の品種、小型の品種など、選択肢がふえてきています。いまや全国的に人気になり、街路樹や耕作放棄地に植える樹木の候補にも必ずオリーブが入っています。

　小学校の入学祝いにシンボルツリーとして庭に植えたり、いろいろな品種を育てて果実の風味の違いを楽しむなど、オリーブは生活の中に広く溶け込んできています。

NP-T.Irie

緑色と銀白色の葉が美しい。夏の幼果をつける'コロネイキ'。

秋が深まり、熟し始めた'コレッジョラ'。

3　果樹なのに葉や枝も利用できる

　木そのものの美しさを観賞することも楽しいのですが、オリーブは果実を利用する果樹です。収穫した果実でつくった自家製の塩漬けやオリーブオイルには、なによりもすばらしい味わいがあります。

　また、果実だけでなく、ヨーロッパでは古木を使って食器などの工芸品がつくられています。家庭では、しなやかな枝を工夫して手軽にクラフトをつくったり、生葉のお茶を楽しんだり。
　暮らしの中で木を無駄なく利用できるのもオリーブの魅力です。

オリーブオイルは果肉を搾って採るオイル。

オリーブはどんな木？

オリーブは、キンモクセイやジャスミンと同じモクセイ科の常緑高木です。前年の春から夏に伸びた枝に、初夏になるとミルク色の小さい花を咲かせ、果実をつけます。果実は最初は黄緑色で、秋にかけてゆっくりふくらみ、赤紫色から黒へと色づいていきます。木は冬になると成長を休みます。

木と枝

オリーブは成長が早く、庭植えにすると樹高が5mくらいになり、なかには10m前後まで育つものもあります。枝はしなやかで、主に葉のつけ根の芽から新しい枝が伸びます。南ヨーロッパには樹齢1000年を超えて実をつける木もあります。

葉

葉は細長く、表面はつややかな緑色で、裏面には白く細かい毛が密生しています。どの葉も細長いですが、形は品種によって少しずつ異なります。
葉は対生（葉が枝の両側に向かい

'ルッカ' 'ミッション' 'ネバディロ・ブランコ' 'マンザニロ'

'エル・グレコ' 'アザパ' 'コロネイキ'

葉のつき方は十字対生。

地植えで大きく育つオリーブ。

合って出る）で、上下で葉の出る方向が90度ずれ、上からは十字形に見えます。ただし、3枚出る輪生や、互い違いに出る互生の場合もあります。

花

5月中旬～6月上旬ごろ、ミルク色で直径5mmくらいの、小さくてかわいい花をたくさん咲かせます。咲いている期間は1週間程度で、花粉は主に風によって運ばれます。1房に10～30輪ほど咲きますが、果実になるのは、そのうちの1割程度です。

果実

受粉1週間後くらいから結実し始めます。果実は徐々にふくらみ、秋が深まるにつれて黒へと色づいていきます。果実は、枝の途中についています。1年おきに実つきのよしあしがある「隔年結果性」をもちますが、毎年よく結実する品種もあります。

根

土の中の根を見る機会は少ないですが、根は、植物の体を支えたり、養分や水分を吸い上げたりする大切な器官です。地上部の状態が悪く、原因がわからない場合は、根を抜いて様子を見ましょう。根詰まりして根がびっしり張っていたり、根腐れを起こして臭いがしていたら、新しい用土で植え替えます。コガネムシ類の幼虫がいたら捕殺しましょう。

↑花。花弁が4枚あるように見える釣り鐘状の合弁花。花に蜜はない。

↑果実。完熟した果実にはたっぷりオイルが含まれている。

↓根。オリーブの根は酸素が大好き。

オリーブ栽培で知っておきたいこと

オリーブが好む環境と栽培できる地域

地中海沿岸地域原産のオリーブは、温暖で日光がさんさんと当たる気候を好みます。耐寒性も強く、短期間なら－10℃の低温にも耐えます。

庭植えにできるのは年間の平均気温が15～20℃の地域（関東地方以西）です。一方、花を咲かせ、実をつけさせるには、冬に10℃以下の気温に20日以上あう必要があります。

寒冷地や高地では鉢植えで栽培し、冬は凍結しない軒下や、暖房が効いていない室内に入れて冬越しさせましょう。南では、沖縄本島で結実している例があります。

光と風……常に日当たりと風通しを確保

オリーブは日照量が多いほど生育良好です。一日中よく日が当たり、風が通る場所で栽培しましょう。

オリーブは成長が早く、すぐに枝葉が茂りすぎてしまうので、適宜剪定をして、内側の枝まで日が当たり、風が通るようにしておきます。そうすると、枝が元気に育ち、実つきもよくなります（剪定は42～45、67ページ参照）。木が弱々しいと実つきも悪く、病気や害虫の被害も受けやすくなります。

水……鉢植えは水やりを忘れずに

乾燥に強いと思われがちですが、実際には降水量が年間500mm以上ないと木の生育が悪くなるため、鉢植えでは水切れに注意します。水は、鉢土の表面が乾いたら、たっぷりと与えます。特に冬から春と結実期は水やりを忘れないように。

オリーブの根は酸素が大好きです。水やりのときは、水で土の中の古い空気を押し出すように、鉢底から流れ出るまでたっぷりと与えます。

鉢底から流れ出るまでたっぷりと水を与える。

用土……水はけ、水もちがよく、通気性のよいもの

オリーブは過湿に弱いため、水はけのよい土に植えることが大切です。鉢植えの場合は、用土の劣化や根詰まりを起こす前に、3年に1回を目安に、新しい用土で植え替えましょう。

なお、オリーブはpH7.0〜7.5の弱アルカリ性を好みます（中性はpH7.0）。鉢植えの場合は、植えつけ時に適切な用土を用い、定期的に植え替えを行っていれば問題ありませんが、庭植えの場合は毎年2月に石灰類を施し、弱アルカリ性に保ちましょう。

オリーブは直射日光が大好き。栽培は日当たりと風通しのよい場所で。

肥料

肥料は、2〜3月と10月の2回、および生育が悪い場合は結実初期の6月に施すことが基本です（50〜51ページ参照）。肥料は有機質肥料でも緩効性化成肥料でもよく、チッ素（N）、リン酸（P）、カリ（K）の三要素が等量で、微量要素を含むものが適します。

特に2〜3月の芽出し肥は大切で、この時期の施肥で実つきが変わります。

苗選び

よい苗木は、枝が太くてしっかりとしていること、葉色が濃くてつやがあること、節間のバランスがよいこと、根鉢がよく張っていること、病気や害虫の被害の痕がないものです。

オリーブは若い木は果実をつけないので（13ページ参照）、3年生以上の大きめの苗木を選ぶとよいでしょう。

苗を入手したらすぐに、植えつけや植え替えを行いましょう。

よい苗
太い枝がすっと伸びて、節間のバランスもよい。ポットを触ると根鉢がしっかりしていることがわかる。

弱い苗
細い枝が多く、枝先に葉が密集するなど節間のバランスが悪い。ポットを触ると根鉢ができていないことがわかる。

果実をたくさんつけさせるために

2品種を栽培する

　オリーブには、同じ品種の花粉では受精しない「自家不結実性」という性質があります。果実をつけさせたいときは、2品種の栽培をおすすめします。

　なお、自分の花粉でも受精する「自家結実性」という性質をもつ品種もあるので、どうしても2品種育てる場所がないときは、それらの品種を選ぶとよいでしょう。ただし、自家結実性のある品種でも、ほかの品種の花粉があると、実つきがさらによくなります。

剪定で新梢を刈り込まない

　オリーブが果実をつける枝は、前年の春から夏に伸びた枝です。剪定などでその枝をばっさり刈り込んでしまうと、果実をつける枝がなくなってしまいます。剪定は適切に行い、果実がつく枝をきちんと確保しておきましょう（剪定は42～45、67ページ参照）。

開花期には雨に当てない

　オリーブは品種によって、5月中旬～6月上旬の間のおよそ1週間だけ花を咲かせます。開花中に雨にぬれると、花が落ちたり、花粉が飛ばなかったりして、受粉ができないことがあります。開花中は雨よけをしたり、軒下に移動させたりして、雨から花を守りましょう。水やりの水も、花をぬらさないように株元に与えます。

確実に結実させたいなら2品種を育てる。左は'カラマタ'、右は'ルッカ'。

蕾が丸くふくらんできたら、鉢植えを雨の当たらない場所へ。

植えつけ作業中。オリーブライフはここから始まる。

適切な水やりを

用土の乾燥は果実がつかない大きな原因になります。鉢植えの場合は、年間を通して、鉢土の表面が乾いたら、鉢底から流れ出るまで、たっぷり水を与えましょう。

肥料

どんな植物でも同様ですが、オリーブは果実をつけるために、大きな体力を使います。植えっぱなしで何年も肥料を施していないと、実がつかなくなるどころか、葉の色が薄くなって、木が弱ります。肥料は適切に施しましょう。

木の年齢

オリーブは果実をつける成木になるまで、一般的にタネまきから15年、さし木から4～5年といわれます。そのため、若い木では結実しないことがあります。結実する日を迎えるまで、適切な管理・作業で、オリーブを元気に育てましょう。なお、鉢植えのほうが庭植えより、若い樹齢で結実します。

NP-T.Narikiyo

品種選び

最近は日本でも多くの品種を入手できるようになりました。
栽培する環境や目的に合わせて品種を選んでみましょう。

 育てやすさから選ぶ

オリーブは生命力が強く、適切に管理していれば、枯れることはめったにありません。といっても、品種によって耐寒性や耐病性、栽培環境への適応性などの性質はそれぞれ少しずつ異なります。初めて栽培するときは育てやすいものがおすすめです。

 樹形から選ぶ

大きく分けて、枝が上に伸びてスリムな樹形になる「直立型」の品種と、枝が横に広がる「開張型」の品種があります。ベランダなどの狭い場所で育てるなら直立型、生け垣や家の目隠しにするなら開張型と、スペースや場所に合うものを選ぶと失敗がありません。

↑庭植えで育つ直立型の'ミッション'
(21ページ参照)。
↓開張型の'ネバディロ・ブランコ'の生け垣。

やや開張型の
'アルベキーナ'
(16ページ参照)の苗木。

直立型の
'シプレッシーノ'
(18ページ参照)の苗木。

開張型の
'ネバディロ・ブランコ'
(19ページ参照)の苗木。

大きい果実をつけ、葉裏の白が美しい'アザパ'（16ページ参照）。

果実や葉から選ぶ

果実が大きいもの、果実が小さくても枝が垂れるほど実るもの、葉が密につくものなど、品種によって特徴はさまざまです。一度植えると、オリーブとのおつき合いは長く続きます。姿が好みで、庭やベランダに似合う品種を探してみましょう。

細い葉と小さい果実をたくさんつける'コロネイキ'（18ページ参照）。

テーブルオリーブ用？オイル用？

テーブルオリーブとは、果実を塩漬けやオイル漬けなどにしたもの（24〜29ページ）。一般的に、テーブルオリーブ用品種は果実が大きめで果肉が厚く、オイル用品種は果実が小型〜中型です。食卓で味わってこそのオリーブ。目的に合った品種を選びましょう。

↑贅沢なマイ・オリーブオイル。風味や香りは、果実の成熟度や品種によって異なる。

←みずみずしい果実でつくるグリーンオリーブの新漬け。

おすすめのオリーブ品種

入手しやすく育てやすい品種を中心に紹介しました。
自分にぴったり合う品種を探してください。

- ❶ 果実の大きさ
- ❷ 用途　「テーブル」はテーブルオリーブ向き、「オイル」はオイル向き、「テーブル、オイル」は両用（15ページ参照）。
- ❸ 樹形　直立型はスリムなタイプ、開張型は横に広がるタイプ、下垂型は枝垂れるタイプ。樹高は剪定や仕立て方によって自分の好みの高さにできる。
- ❹ 自家結実性（1本でも結実する）　自家結実性がある品種でも、ほかの品種が近くにあるとより多くの果実をつける。
- ❺ 主要産地

'アザパ'
NP-Y.Itoh

'アルベキーナ'
M.Okai

'アイ・セブン・セブン' I Seven Seven

❶ 中〜大型　❷ テーブル、オイル
❸ 開張型　❹ なし　❺ イタリア

オイル用として開発されたが、果実もおいしい。生け垣にも向く。開花時期は早い。強剪定後に芽吹きにくい。

'アザパ' Azapa

❶ 大〜特大型　❷ テーブル
❸ 開張型　❹ 少しあり　❺ チリ

チリで50％を占めるテーブルオリーブ用品種。丈夫で育てやすい。大きい果実を収穫するには摘果が必要。

'アスコラーナ・テネラ' Ascolana Tenera

❶ 特大型　❷ テーブル
❸ 直立型　❹ なし　❺ イタリア

中央イタリアのテーブルオリーブ用品種。寒さに強いが生育が環境に左右されやすい。特大の果実が毎年つく。

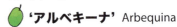'アルベキーナ' Arbequina

❶ 小型　❷ オイル
❸ 開張型　❹ あり　❺ スペイン

小さい果実が鈴なりにつく。オイル含有量が多く、オイルは高品質。開花時期が非常に早い。

'イトラーナ' Itrana

❶ 大型　❷ テーブル、オイル
❸ 直立型　❹ なし　❺ イタリア

果実はしっかりした味で堅く、秋の新漬けによい。樹勢が強く、寒さや病気にも強く、剪定もしやすい。

 'エル・グレコ' El Greco

❶ 小型　❷ オイル
❸ 直立型　❹ なし　❺ ギリシャ

果実は小さいが実つきはよい。こまめに剪定すると樹形がまとまりやすい。花粉量が多いので受粉樹にも。

 'オヒブランカ' Hojiblanca

❶ 中〜大型　❷ テーブル、オイル
❸ 直立型　❹ あり　❺ スペイン

寒さや病気に強く、剪定もしやすく、初心者向き。この名前で一般的に流通しているものは'ピクアル'の変異品種と思われる。

 'カヨンヌ' Cayonne

❶ 中〜大型　❷ テーブル、オイル
❸ 開張型　❹ なし　❺ フランス

完熟果の苦みが少ないのでメープルシロップ漬けがおすすめ。開花時期が早く、比較的長く咲くので受粉樹にも。

 'カラマタ' Kalamata

❶ 大型　❷ テーブル、オイル
❸ 直立型　❹ なし　❺ ギリシャ

市販の果実漬けやオイルが高級品として人気。果実は苦みが少なくフルーティー。さし木は発根しにくい。

 'カリフォルニア・クイーン（UC13A6）' Californian Queen

❶ 大型　❷ テーブル
❸ 開張型　❹ なし　❺ アメリカ合衆国

カリフォルニア大学で育成された比較的新しい品種。'マンザニロ'に似るが果実がより大きい。

'エル・グレコ'
M.Okai

'カヨンヌ'
M.Okai

'カラマタ'
NP-Y.Itoh

'コレッジョラ'
NP-Y.Itoh

'コロネイキ'
NP-Y.Itoh

'サウス・オーストラリアン・ベルダル'
NP-Y.Itoh

 'カロレア' Carolea

❶ 大型　❷ テーブル、オイル
❸ 直立型　❹ なし　❺ イタリア

寒さに強く、環境適応性もある。剪定もしやすい。毎年結実する。開花時期が早く、受粉樹にも適する。

 'コラティーナ' Coratina

❶ 中型　❷ オイル
❸ 開張型　❹ なし　❺ イタリア

オイルはポリフェノールが豊富で、オイル含有量も多い。寒さに強く、環境適応性もある。熟す時期が遅い。

 'コレッジョラ' Correggiola

❶ 中型　❷ オイル
❸ 開張型　❹ なし　❺ イタリア

実つきがよく、香りのよいオイルが採れる。樹勢が強く、寒さにも強く、環境適応性があり、丈夫で育てやすい。

 'コロネイキ' Koroneiki

❶ 小型　❷ オイル
❸ 開張型　❹ なし　❺ ギリシャ

ギリシャの主要品種。果実は高品質のオイルを多く含む。樹勢が強く育てやすいが寒さには弱い。開花時期は早い。

 'サウス・オーストラリアン・ベルダル'
South Australian Verdale

❶ 大型　❷ テーブル
❸ 開張型　❹ なし　❺ オーストラリア

毎年よく結実する。枝が長く伸びると垂れるのでこまめな剪定を。丈夫で育てやすい。開花期間が長く、受粉樹に適する。

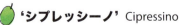 **'シプレッシーノ'** Cipressino

❶ 小～中型　❷ オイル
❸ 直立型　❹ あり　❺ イタリア

観賞用として日本で栽培が多い品種。樹形がスリムで剪定しやすく、狭い場所でも栽培できる。初心者向き。若い木でも結実しやすい。

❶ 果実の大きさ　❷ 用途　❸ 樹形　❹ 自家結実性　❺ 主要産地

'ジャンボ・カラマタ'
Jumbo Kalamata

❶ 特大型　❷ テーブル
❸ 開張型　❹ なし　❺ オーストラリア

摘果すると直径3cm以上の世界最大級の果実をつける。寒さや病気には弱いので上級者向き。炭そ病に注意。

 'セビラノ' Sevillano

❶ 大型　❷ テーブル
❸ 開張型　❹ なし　❺ スペイン

果実が大きくタネが小さいので、食べやすいテーブルオリーブができる。若い木は結実しにくい。

 'セント・キャサリン'
St. Catherin

❶ 小～中型　❷ オイル
❸ 直立型　❹ あり　❺ アメリカ合衆国

直立型で剪定しやすい。開花時期はやや早く、1本でも果実をつけ、結実率も高い。病気には少々弱い。

 'ネバディロ・ブランコ'
Nevadillo Blanco

❶ 中型　❷ オイル
❸ 開張型　❹ なし　❺ スペイン

明治に日本に導入された品種。観賞用として多く栽培され、枝が密集するため、生け垣やトピアリーに向く。

 'ハーディズ・マンモス'
Hardy's Mammoth

❶ 大型　❷ テーブル
❸ 開張型　❹ なし　❺ オーストラリア

完熟果は苦みが少なくメープルシロップ漬けがおすすめ。樹勢が強く、耐寒性もある。若い木は結実しにくい。

 'バルネア' Barnea

❶ 中～大型　❷ テーブル、オイル
❸ 直立型　❹ 少しあり　❺ イスラエル

果実を非常にたくさんつける。まとまりのある直立型なので剪定しやすい。葉に丸みがある。

'ジャンボ・カラマタ'
NP-Y.Itoh

'ネバディロ・ブランコ'
NP-Y.Itoh

'ハーディズ・マンモス'
NP-Y.Itoh

'バロウニ'
NP-Y.Itoh

'フラントイオ'
M.Okai

'マンザニロ'
NP-Y.Itoh

 'バロウニ' Barouni

❶ 特大型　❷ テーブル
❸ 開張型　❹ あり　❺ チュニジア

果実は非常に大きくておいしい。枝が暴れにくいので剪定しやすい。環境適応性もある。開花時期は早い。

 'ピクアル' Pical

❶ 中〜大型　❷ テーブル、オイル
❸ 開張型　❹ あり　❺ スペイン

スペインの重要なオイル用品種。オイルは豊富なオレイン酸を含む。病気に強く、観賞用としても人気。

 'ピッチョリーネ' Picholine

❶ 小型　❷ オイル
❸ 開張型　❹ なし　❺ フランス

観賞用として日本で一般的に流通している品種。花を多くつけるので受粉樹に向く。

 'フラントイオ' Frantoio

❶ 中型　❷ オイル
❸ 開張型　❹ なし　❺ イタリア

多くの国で栽培されているポピュラーなオイル用品種。病気にも強い。樹勢が強いのでこまめな剪定を。

 'ペンドリノ' Pendolino

❶ 中型　❷ オイル
❸ 下垂型　❹ なし　❺ イタリア

寒さに強く、環境適応性もある。開花時期は早い。毎年よく咲き、開花期間が長いので、受粉樹にも向く。

'マンザニロ' Manzanillo

❶ 中〜大型　❷ テーブル
❸ 開張型　❹ なし　❺ スペイン

世界で最も多く栽培されている品種。隔年周期で果実を多くつける。環境適応性もある。炭そ病に注意。

❶ 果実の大きさ　❷ 用途　❸ 樹形　❹ 自家結実性
❺ 主要産地

'ミッション' Mission

❶ 中型　❷ テーブル、オイル
❸ 直立型　❹ なし　❺ アメリカ合衆国

直立型で剪定しやすく、シンボルツリーや狭い場所にも向く。果実のオイル含有量も多い。寒さに強い。

 'モライオロ' Molaioro

❶ 中型　❷ オイル
❸ 直立型　❹ なし　❺ イタリア

イタリアで山岳地帯に最も適したオリーブといわれる。寒さに強く、毎年よく結実し、剪定しやすい。

 'ルッカ' Lucca

❶ 小〜中型　❷ オイル
❸ 開張型　❹ あり　❺ アメリカ合衆国

オイル生産用としては日本で栽培が最も多い品種。オイルの含有量が非常に多い。寒さや炭そ病に強い。

 'レッチーノ' Leccino

❶ 中型　❷ オイル
❸ 開張型　❹ なし　❺ イタリア

世界各地で栽培されているポピュラーなオイル用品種。剪定しやすく、寒さや病気に強い。毎年果実を多くつける。

 'ロシオーラ' Rosciola

❶ 中型　❷ オイル
❸ 直立型　❹ なし　❺ イタリア

オリーブとしては幅が広く円みがある葉が特徴。剪定しやすい。耐寒性、環境適応性があり、毎年結実する。

 'ワッガ・ベルダル'
Wagga Verdale

❶ 中型　❷ テーブル、オイル
❸ 開張型　❹ なし　❺ オーストラリア

木はやや小型で管理や収穫が楽。ラベルにフランス産と表記されることもあるがオーストラリアで作出。

'ミッション'
NP-Y.Itoh

'ルッカ'
NP-Y.Itoh

'ワッガ・ベルダル'
NP-Y.Itoh

オリーブの成熟度カラースケール

 黄緑色から黒へと熟していく

オリーブの果実は成熟するにしたがって、果皮が黄緑色、赤紫色、黒へと変化していきます。

また、若い果実ほど果肉が堅くて苦みが強く、成熟するにしたがってオイル分がふえて果肉が柔らかくなり、苦みも抜けていきます。

 用途に適した時期に収穫

収穫期は、果皮の黄緑色が黄色みを帯びる9月下旬から、黒く完熟する年内まで。成熟度によって、テーブルオリーブの新漬け用や塩漬け用、オイル用などに分かれます。

このカラースケールと見比べ、好みの成熟段階で摘み取り、味わってくだ

1〜3

若い果実ほど果肉が堅く、オイル分が少ない。1〜2は苛性ソーダで苦みを抜く新漬け（26〜27ページ参照）、2〜3は水で苦みを抜く新漬けに向く（25ページ参照）。

3〜4

みずみずしい香りのオリーブオイルを搾れるが、果肉がまだ堅いので、家庭でオイルを搾るのは難しい。

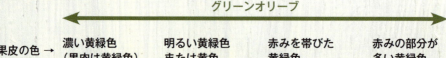

さい。果実は苦くて生では食べられないので、苦みを抜いてから加工します。レシピは24〜31ページを。なお、漬けた果実は、時間がたつほど苦みが抜けていきます。

※ただし、11月以降に収穫したものは、果皮が緑色でも果肉の成熟は進んでいるので、塩漬けやオイルに利用できる。

5〜7

果実に含まれるオイル分がふえ、果肉も柔らかくなる。黄色く芳醇なオリーブオイルを搾れる（30〜31ページ参照）。機械搾りでは5の果実も使うが、家庭で手で搾るときは6〜7の果実が適する。

6〜7

完熟すると果実のオイル量がふえ、うまみも増す。この成熟段階の果実は、ブラックオリーブの塩漬け、メープルシロップ漬け、ペーストに（28〜29ページ参照）。

← ブラックオリーブ →

4	5	6	7
全体的に赤紫色（果肉は黄緑色）	濃い赤紫色（果肉の外縁は赤紫色）	濃い赤紫色（果肉は外縁から中心に向かって半分以上赤紫色）	黒（果肉はタネの周囲まで黒）

7: 完熟果

オリーブを味わう

オリーブの大産地である地中海沿岸地域でのオリーブ漬けは、いわば日本の食卓における梅干しのようなもの。成熟段階で違う果実のうまみも、品種ごとの風味の違いも、栽培した人ならではの楽しみです。

グリーンオリーブの新漬け。

左から
水で苦みを抜いたグリーンオリーブの新漬け（レシピはp25）。
苛性ソーダで苦みをしっかり抜いたグリーンオリーブの新漬け（レシピはp26〜27）。
ブラックオリーブのメープルシロップ漬け（レシピはp29）。
ブラックオリーブの塩漬け（レシピはp28）。

水で苦みを抜く
グリーンオリーブの新漬け

適期＝9月下旬〜10月（品種により差がある）
カラースケール＝2〜3

グリーンオリーブの苦みを水で抜く新漬けです。スペインやポルトガルなどオリーブ産地の家庭でつくられています。少し苦く感じるかもしれませんが、それがオリーブの個性。果実に含まれたオイルのうまみを味わってください。苦みは日がたつほど抜けていきます。冬の間に食べきるのがベストです。

カラースケール2〜3の果実が適していますが、4の果実でもぎりぎり大丈夫です。カラースケール1の果実は苦みがとても強く、オイル分が少ないぶんだけ、うまみも少ないので、この方法では避けたほうが無難です。

用意するもの
・果実
・塩（精製塩より海塩や岩塩など粗塩のほうが、うまみが引き立つ）
・ボウル（水を入れて果実全量を浸せる大きさのもの。果実が少量の場合は瓶やペットボトルでも）
・保存用の密閉容器

① 果実を広げ、傷や病痕のある果実を取り除いて、傷つけないようにやさしく水洗いする。

② ナイフでタネに当たるまで、深く切れ目を入れる。カラースケール2の果実なら切れ目を3か所、3の果実なら1か所入れる。

③ ボウルや瓶などに果実を入れ、たっぷりの水に果実をつける。毎日水を替えながら、涼しい場所に2週間以上置いておく。

④ 途中で果実を1粒味見し、食べられる程度に苦みが抜けたら、消毒した密閉容器に果実を移し、3%濃度の塩水を容器の口まで注いで密封する。冷蔵庫で保存。

⑤ 保存中、塩水が濁ったら新しい塩水に替える。およそ1週間後から食べごろ。長く保存する場合は5〜8%の塩水に漬け、食べる前に塩抜きをする（右コラム参照）。

食べる前の果実の塩抜き

漬けた果実の塩分が多いと感じたら、食べる前に薄い塩水につけて塩を抜きます。途中で味を見ながら2時間以上、好みの塩加減になるまで浸しておきます。

苛性ソーダで苦みを抜く
グリーンオリーブの新漬け

適期＝9月下旬〜10月中旬（品種により差がある）
カラースケール＝1〜2

　収穫できる一番若い果実を使います。青々とした果実ならではの強い苦みは、苛性ソーダでしっかり抜きます。この新漬けは、コリコリしてフレッシュな味覚を楽しめます。冬の間に食べきるのがベストです。

＊苛性ソーダは薬局で購入できますが、劇物なので取り扱いに注意。93ページの注意を必ず読んでください。

＊苛性ソーダ溶液を入れる容器は、溶かす水の5倍以上の容積のものを用意します。

用意するもの
・ボウル
・苛性ソーダ
・ガラスまたはポリ製の容器
　（落としぶたがついたものがよい）
・塩（海塩や岩塩などの粗塩）
・はかり
・保存用の密閉容器

① 最初に傷や病痕のある果実を取り除き、重さを量る。

② 傷をつけないように、やさしく水洗いする。

③ 果実と同じ重さの水を容器に入れ、2%濃度になるように苛性ソーダを量って水に加える。水に入れると泡と熱が発生するので、冷めるまで触らずにおく。

④ 3～6時間後、溶液が冷えたら、溶液が肌につかないように注意しながら、果実を静かに入れる。

⑤ 果実が浮かないように落としぶたをして、このまま5～15時間おいて苦みを抜く。

⑥ 溶液が濁ってくる。途中で1粒取り出し、苦みの抜け具合を確認する。タネの周囲を少し残して果肉が茶色くなれば完了。

⑦ 黒い溶液を静かに捨てる（廃液の処理は93ページ参照）。

⑧ 苛性ソーダを抜く。空気に触れると果実の色が悪くなるため、落としぶたをしたままホースの先を容器に沈め、水を流し入れる。朝、昼、夕方の3回、3日間、黒い水が出なくなるまで繰り返す。

⑨ 果実と同じ重さの水に1%の塩を溶かして果実を漬け、毎日塩水を替える。塩水の濁りがなくなったら塩分濃度を毎日1%ずつ上げていく。すぐ食べるなら3%程度、長く保存するなら5%程度まで。

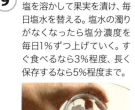

⑩ 2～3日間漬けると完成。消毒した密閉容器に入れて冷蔵庫へ。塩分が強かったら、食べる前に塩抜きをする（25ページ参照）。

ブラックオリーブの塩漬け

適期＝11月中旬～12月
　　　（品種により差がある）
カラースケール＝6～7

　完熟してオイルをたっぷり含んだ黒い果実でつくります。苦みを抜くのは塩だけで。1か月くらいで食べごろになります。

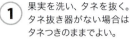

① 果実を洗い、タネを抜く。タネ抜き器がない場合はタネつきのままでよい。

④ 冷蔵庫で保存。約1か月後から食べごろ。食べる前に塩を抜く（25ページ）。

用意するもの
・果実
・ボウル
・タネ抜き器（あれば）
・塩（海塩や岩塩などの粗塩）
・保存用の密閉容器

② ボウルに果実を入れて、果実の重さの10％の塩を果実にまぶす。

③ 果実を消毒した密閉容器に移し、よく振って塩を全体に混ぜる。

オリーブの枝のようじ（33ページ）をさして食卓へ。

ブラックオリーブのペースト

適期＝食べごろのブラック
　　　オリーブの塩漬けを利用

　タネを抜いたブラックオリーブの塩漬けの塩を抜いてから、適量のオリーブオイルを加え、フードプロセッサーでなめらかにします。消毒した密閉容器に入れて冷蔵庫で保存。

パンに塗ったり、パスタソースに加えたり。レモン果汁やスパイス、ハーブ、ニンニクなどを加えても。

Column

ガミラ・ジアーさんの
ブラックオリーブの塩漬け

自宅のガミラ・ジアーさん。

　紀元前からオリーブを栽培してきたイスラエルのガリラヤ地方。そこで暮らすガミラさんに教わったレシピです。当地では黒く熟した果実の苦みを塩で抜いて保存食にします。すぐに食べるものは常温で、長く保存するものは冷蔵庫か冷凍庫へ。食べる前の塩抜きが不要です。

❶ 完熟した果実を木づちで一粒一粒つぶし、果実全体に塩をまぶす。ざるに入れておくと、自然にアクが落ちる。
❷ 毎日ざるを揺すって全体を混ぜ、1週間ほどおく。苦みが好きな人は4日間くらい、苦手な人は、味を見ながら1週間以上。
❸ 大きいボウルに果実を移し、水をためては流す作業を5回ほど繰り返す。水がきれいになったらざるに上げ、塩少々とオリーブオイルをまぶして、消毒した密閉容器へ。

メープルシロップ漬け
適期＝11月中旬～12月(品種により差がある)
カラースケール＝6～7

　完熟果のタネを抜き、消毒した密閉容器に入れて、ひたひたにメープルシロップを注ぐだけ。1週間後くらいから食べごろです。シロップの代わりにハチミツに漬けてもおいしい。

↑ほろ苦さと甘さが絶妙なスイーツになる。

ヨーグルトにのせて。

冷凍保存

　保存状態がよければ、漬けた果実は冷蔵庫で半年くらいもちます。風味を損なわずに保存したい場合は、密閉できる厚手のポリ袋に入れ、水と空気をしっかり抜いて冷凍庫へ。

家庭用真空パック器があれば、空気を完全に抜いて保存。

オリーブオイル
適期＝11月中旬〜12月（品種により差がある）
カラースケール＝6〜7

　オイル含有量が多く、果皮が柔らかい'ルッカ'などの完熟果がたくさんとれたら、オイル搾りに挑戦。みずみずしい香りと自然なコク、さらりとした後味は、どんな高級オリーブオイルにも負けません。
　500gの果実から50mlほどのオイルが採れます。オイルは時間がたつと酸化して風味が落ちるので、早めに使いきりましょう。保存する場合は消毒した密閉容器に。

用意するもの
・果実
・密閉できる厚手のポリ袋（2枚）
・ペットボトル（2ℓサイズ）
・カッターナイフ
・紙タオル
・消毒したスプーン、スポイト
・オイルを入れる消毒した容器

1 ポリ袋を二重にして果実を入れ、果肉をつぶすように手でもむ。黄色いオイル分が浮き出てくるまで、1時間ほどもみ続ける。膝の上などでもむと、体温で温まってオイルが出やすい。

2 ペットボトルを横半分に切り、漏斗形に折った紙タオルを、口から2cm程度出るようにさし込む。

3 ペットボトルの上下を重ね、つぶした果肉とオイル分を少しずつ入れる。一度に入れると重みで紙タオルが沈み、こぼれるので注意。

④ 日の当たらない涼しい場所に一晩置く。少しずつ、オイルと苦みを含んだ黒い水が落ちてくる。

⑤ オイルが落ちなくなったら上部を外す。オイルだけをスポイトで少しずつ吸い上げて容器に移し、黒い水と分ける。

生葉のオリーブティー
適期＝一年中（剪定後）

　ノンカフェインで、安らぐようなやさしい味のお茶です。無農薬の葉を摘み取り、熱湯で3〜5分煮出します。冷やしてもおいしい。生葉がたっぷり必要なので、栽培している人だけの特権です。

葉はお湯の3分の2量を入れる。

パンを浸すなどシンプルな食べ方で、オイルそのものの味を確かめたい。

オリーブのクラフト

剪定した枝葉を使い、暮らしの中にオリーブをさまざまに取り入れましょう。しなやかな枝のオリーブならではの楽しみです。

 ### リース
適期＝一年中（剪定後）

枝だけを巻いたり、針金の芯に枝を巻きつけたり。果実も添えると華やぎます。

冬の重厚なリース
'ネバディロ・ブランコ'や'コロネイキ'のように細かい葉をたくさんつける品種の枝は、一重に巻いただけで十分なボリューム。

オリーブの枝はしなやかに曲がるので、巻いただけでもリースになる。

涼しげな夏の幼果つきのリース

つくり方
針金を二重に巻いて好みの大きさの輪をつくり、その輪に針金をらせん状に巻いて芯をつくる。芯に枝を巻きつけていく。

＊針金はフラワーアレンジメント用のワイヤーを使うとよい。

はし置き
適期＝冬の剪定後や強剪定後

　太めの枝を入手できたら、はし置きを。節の部分を少し残しておくと味わいが出ます。

枝を5cmの長さに切り、樹皮を削り落とす。

ようじ
適期＝一年中（剪定後）

　爪ようじくらいの太さの少し堅い枝でつくります。よく切れるハサミを用意。

つくり方
枝を長さ7〜8cmに切り、上の葉2枚を残して下の葉を落とし、先端をハサミで削ってとがらせる。

枝編み
適期＝一年中（剪定後）

　細い枝を8〜10本ほど用意し、三つ編みにします。枝が堅いときはゆるめに編んで。

つくり方
枝をしごいて葉を落とし、束ねて端を細い針金で巻く。編み終わったら枝の反対側の針金を巻いて留める。葉をあしらって鉢などに巻く（上）。

ラベル
適期＝冬の剪定後や強剪定後

　太めの枝の樹皮を削り落とし、ラベルに利用。品種名を書く部分は平らに削ります。

テーブルフラワー
適期＝一年中（剪定後）

オリーブの枝は水揚げが悪いのですが、切った枝を水に沈めるだけで、あっという間にテーブルフラワーに早変わり。1週間くらいもちます。

枝の飾り
適期＝一年中（剪定後）

切った枝を添えるだけで、雰囲気が華やぎます。初心者にも簡単です。

アクセサリー
小枝を切ってさす。胸元を飾っても。

オリーブの冠
くるりと頭に枝を巻けばいちだんとりりしく。

テーブルウェアの飾り　切った枝を軽く結ぶ。

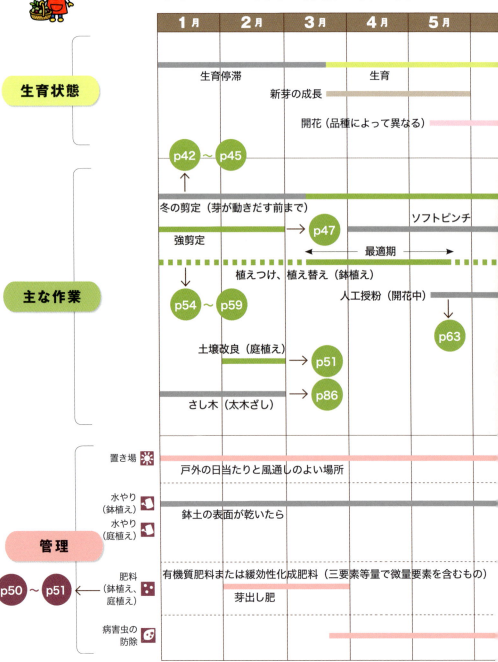

関東地方以西基準

6月	7月	8月	9月	10月	11月	12月

生育停滞

果実の結実・充実

p67

日々の剪定（生育期の剪定）

→ p60

植えつけ、植え替え（鉢植え）

グリーンオリーブの収穫（品種により差がある）

p65

摘果（果実が中型〜大型の品種）

p73、p22〜p23

ブラックオリーブの収穫（品種により差がある）

台風対策

さし木（緑枝ざし） → p87

p73、p22〜p23

新芽が垂れたり、果実がしなびたりしたら（基本的には不要）

追肥（生育が悪かったら）　　　　　　　　　秋肥

January
1月

今月の主な作業

- 基本 冬の剪定
- トライ 強剪定
- 基本 植えつけ、植え替え（最適期は3月中旬～5月中旬）
- トライ さし木（太木ざし）

基本 基本の作業
トライ 中級・上級者向けの作業

1月のオリーブ

冬の間、オリーブの生育は止まっていますが、木の内部では開花の準備が少しずつ始まっています。まだ果実がついているようなら、早く収穫を終えてしまいましょう。

寒さの厳しい時期、明るい色合いの常緑の葉は、冬枯れの景色に彩りを添えてくれます。実をつけさせるには10℃以下の低温に20日間以上当てます。この時期の管理は花つきや実つきに大きく影響するので、しっかりと行いましょう。

しっかり根を張ったオリーブは比較的耐寒性が強く、短期間の雪なら耐える。

主な作業

基本 冬の剪定
樹形、花つき、実つきをよくする

樹形を美しく保ち、花や果実をつけさせるために欠かせない作業です。最適期は2月ですが、この時期も行えます。実際の方法は42～45ページ参照。

トライ 強剪定
木を若返らせたり、仕立て直したり

実つきが悪くなった老木や、枝葉が茂りすぎて手に負えない木を仕立て直したいときに行います。枝を大きく切り詰めるので今年の収穫は望めませんが、来年以降の実つきがぐんとよくなります。実際の作業は47ページ参照。

基本 植えつけ、植え替え
植え替えた鉢植えは寒さから守る

最適期は3月中旬～5月中旬ですが、一年中行えます。実際の作業は54～59ページを参照してください。

トライ さし木（太木ざし）
直径5cm以上の枝を使う

成功率の高いさし木の方法です。剪定した太い枝を使うとよいでしょう。実際の作業は86ページ参照。

今月の管理

- ☀ 戸外の日当たりのよい場所
- 💧 鉢植えは鉢土の表面が乾いたら、庭植えは不要
- ▓ 不要
- 🐛 特に発生はない

1月

管理

🪴 鉢植えの場合

☀ 置き場：日なたで寒さに当てる

戸外の日当たりのよい場所に置きます。オリーブは冬の間に10℃以下の低温に20日間当たると花が咲き、結実するようです。そのため、この時期にきちんと寒さに当てることが大切です。

オリーブは耐寒性が強いのですが、植え替えをしたばかりの鉢植えは、風よけをしたり、軒下の日だまりに置いたりして寒さから守りましょう。

北海道や東北地方などの寒冷地では、戸外で冬越しさせるのは難しいので、日当たりがよく、暖房のない室内などで管理します。

💧 水やり：冬も水切れに注意

この時期に水切れさせると花つきや実つきが悪くなります。土の表面が乾いたら、鉢底から流れ出るまでたっぷりと水を与えます。冬の生育停滞期は根が水を吸い上げにくく、過湿になると根腐れを招くので、土の乾燥状態をよく見て水を与えましょう。

寒冷地では、水やりによって土が凍結しないよう注意します。水やりは日中に行うとよいでしょう。

▓ 肥料：不要

🏡 庭植えの場合

💧 水やり：不要
▓ 肥料：不要

🪴🏡 病害虫の防除

病原菌や害虫は越冬中

病原菌や害虫は活動を止めて越冬中です。もし、幹の地際に木くずが出た形跡があったら、オリーブアナアキゾウムシやゴマダラカミキリの幼虫が幹の中で越冬している可能性があるので退治しましょう（80、82〜83ページ参照）。

病原菌や害虫は、前年に発生した枝葉のほか、落ち葉や枯れ枝、周囲の野草などでも越冬しているので、株元や周辺は庭掃除などをして常にきれいにしておきます。

February
2月

今月の主な作業
- 基本 冬の剪定
- トライ 強剪定
- 基本 植えつけ、植え替え（最適期は3月中旬〜5月中旬）
- 基本 土壌改良
- トライ さし木（太木ざし）

基本 基本の作業
トライ 中級・上級者向けの作業

2月のオリーブ

　オリーブはまだ生育停滞中ですが、芽吹きの時期が近づいています。実をつけさせるためには、引き続き10℃以下の寒さに当てます。
　冬の剪定は今月が最適期です。芽出しに備えて肥料も施します。剪定と施肥によって、その後の生育が決まるので、タイミングを逃さないように。弱アルカリ性を好むオリーブのために、庭植えでは石灰類を施して、土壌改良をしておきます。

今月は冬の剪定の最適期。伸びすぎた枝は思いきって切り、姿よく仕立てる。

主な作業

基本 冬の剪定
樹形、花つき、実つきをよくする
　今月は冬の剪定の最適期です。剪定は、樹形を美しく保ち、花や果実をつけさせるために欠かせない作業です。芽が動きだす前に済ませましょう。剪定の方法は42〜45ページ参照。

トライ 強剪定
　1月に続いて行えます。実際の作業は47ページ参照。

基本 植えつけ、植え替え
　1月に続いて行えます。実際の作業は54〜59ページ参照。

基本 土壌改良（庭植え）
石灰類を施す
　オリーブは弱アルカリ性土壌を好むので、庭植えは毎年2月、株まわりに石灰類をまきます。施肥と同時に行うと手間が省けます。作業は51ページ。
　鉢植えの場合は、植えつけ、植え替え時に酸度調整済みの培養土を使用すれば、石灰類を施す必要はありません。

トライ さし木（太木ざし）
　1月に準じます（86ページ参照）。

今月の管理

- ☀ 戸外の日当たりのよい場所
- 💧 鉢植えは鉢土の表面が乾いたら、庭植えは不要
- 🌱 芽出し肥を施す（2〜3月に1回）
- 🐛 特に発生はない

2月

管理

🪴 鉢植えの場合

☀ 置き場：日なたで寒さに当てる
1月に準じます（39ページ参照）。

💧 水やり：冬も水切れに注意
1月に準じます（39ページ参照）。

🌱 肥料：芽出し肥を施す
この時期の施肥は、春以降の新芽の成長を助けるためのもので、今年1年間の木の生育を左右する大切な肥料です。施し方や肥料の種類は50〜51ページを参照してください。

🌳 庭植えの場合

💧 水やり：不要

🌱 肥料：芽出し肥を施す
鉢植えと同様の肥料を施します。施し方は50〜51ページを参照してください。同時に、土壌改良（左ページ参照）の石灰類も施すとよいでしょう。

🪴🌳 病害虫の防除

病原菌や害虫は越冬中
1月に準じます（39ページ参照）。

Column

オリーブ紀行 ①

太古の時代から特別な木だったオリーブ

オリーブは有史以来からの栽培の歴史をもちます。

古代ギリシャでは、オリーブの果実を搾ったオイルを「黄金の液体」と呼び、ほかの油とは違う特別なものとして扱っていました。また、古代オリンピックでは、オリーブの枝でつくられた冠を優勝者に贈ったといわれます。

旧約聖書の「ノアの方舟伝説」で、ノアが放ったハトがくわえて戻ってきたのは、オリーブの葉とされています。洪水が引いた証として芽を出したオリーブ。まさに生命の象徴として登場しています。

これらのエピソードは、太古の時代から、地中海沿岸地域の人々がオリーブとともに生きてきたことを物語っています。生命力が強いオリーブは、平和や豊穣の象徴として、また、薬や灯火として、人々に大切に育てられてきました。現代でも、国連の旗の図案にあしらわれるなど、平和の木としてのイメージが脈々と受け継がれています。

基本 冬の剪定 [1]

適期＝1月〜3月上旬

剪定しないと

オリーブは成長が早いため、剪定をせずに放置すると、背は伸びて枝葉は茂りすぎ、庭の邪魔者になったり、収穫しにくくなったり、風通しが悪くなって蒸れ、病気や害虫が発生しやすくなったりします。また、古い枝を残しておくと、新芽の伸びが悪くなり、実つきが悪くなる原因にもなります。

オリーブにとって剪定は大切な作業

剪定によって、光と風が木の内側まで通るようになり、枝数がふえて、より多くの果実がつくようになります。剪定によって好みの樹形に仕立てることもできます。

剪定は一年中行いますが、特に生育停滞期に行う冬の剪定は芽吹きを促すことが目的です。なおかつ、今年果実をつける枝も健康に育ちます。

去年伸びた枝は剪定で残す

今年の果実は、昨年の春から夏にかけて伸びた枝に実ります。そのため、結実させるには、木全体を刈り込まず、枝を間引くように剪定します。こうすることで、美しい樹形と実りの両方が楽しめます。どんな枝を剪定するかは44〜45ページを参照してください。

太い枝を切ったあとは癒合剤を

剪定で切り口ができると、そこから病原菌が入り込んで腐ったりします。剪定後の切り口には、樹木用の殺菌剤入り癒合剤を塗っておきましょう。切り口を早くふさぐ効果もあります。

今年果実をつける枝

緑色の部分が昨年伸びた枝で、今年はこの枝に果実がつく。この枝は古い枝に比べて葉の厚みも色も薄めで、枝も緑色を帯びている。

茶色い部分は、昨年果実をつけた枝（一昨年伸びた枝）。

枝を切る量

剪定し終わったときに、「木の背景がうっすら見える」という状態が剪定を仕上げる目安です。イタリアではこれを「小鳥がすり抜けられる」と表現します。

このページのように、一枝一枝が見える程度まで剪定しましょう。

鉢植えの剪定後

徒長して飛び出した枝を切り、背景がうっすら見える程度に剪定する。

庭植えの剪定

剪定前：枝葉が茂りすぎて背景が見えない。

剪定後：背景がうっすら見える。

基本 冬の剪定[2]　適期＝1月〜3月上旬

剪定で切る枝

剪定では、木の健全な成長を妨げる不要な枝や、樹形をくずす原因となる枝を剪定します。

剪定には、枝1本まるごと切る場合と、枝の途中で切る場合があります。枝1本を剪定する場合は、枝のつけ根から、切り残しがないように切ります。

1か所に集中して剪定していると、終わったときに樹形のバランスが悪くなることもあります。木の周囲をぐるぐる回りながら少しずつ切っていくと、失敗が減ります。切るか残すか迷った枝は、手で隠してみて剪定後の姿を想像し、剪定するか決めましょう。

不要な枝

枯れ込んだ枝（上）や、寒さで傷んだ枝（下）
わかりやすいので、最初に切るとよい。

同じところから多く出ている枝
すべての枝が伸びると混みすぎなので、1〜2本残して切る。

剪定前

剪定後

内側に伸びた枝（内向枝）
この枝が伸びるスペースはこれ以上ないので切る。

下向きに伸びた枝
下向きや下垂した枝は重みで木に負担をかけるので切る。

同じ方向に伸びる枝
1本の太い枝から複数の枝が出ている場合、枝を間引く。日当たりが悪いほうを切るとよい。

交差枝
バランスを考えてどちらかを切る。内側を向いた枝を優先して切るとよい。

二叉に分かれた枝
同じような強さで出ていたら、バランスを見て、どちらかを切るか、両方を伸ばす。

ひこばえ（上）と胴吹き枝（下）
ひこばえは株元から出る枝、胴吹き枝は幹から出る細い枝。幹の上にいく養分を奪ってしまうので切る。

上向きの勢いがよすぎる枝
徒長して、将来樹形を乱すので切る。

徒長した枝を切る
飛び出した枝は、枝の途中で切り戻す。こうすると、切り口の下にある葉のつけ根の芽が伸びて、枝がふえる。一度に切らず、全体のバランスを見ながら、少しずつ枝を短く切っていくとよい。

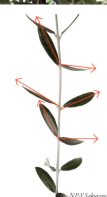

切り戻す位置と、新しい枝が伸びる方向
新しい枝は葉の向きと同じ方向に伸びる（→の方向）。切り戻すときは、どの方向に枝を伸ばしたいか考えて、それと同じ向きの葉の上で切る。

Column

どんなに
枝を切っても大丈夫

　オリーブは芽吹きがよく、次々と新芽を伸ばすので、万が一枝を切りすぎても、新芽の季節にはしっかりと新しい枝を伸ばします。それどころか、思いきって切ることで、木がリフレッシュされ、元気な新梢がたくさん伸びて果実も多くつくようになります。好みの樹形にも仕立てやすくなります。

　剪定をするときは恐れずに、大胆に枝を切りましょう。

剪定前

NP-Y.Sakurano

2011年3月に
強めに枝を剪定

NP-Y.Sakurano

2018年7月の樹形
下から枝分かれした枝を育て、木の高さを抑えて、盆栽風につくった'エル・グレコ'。'エル・グレコ'は直立性だが、こんもりとした樹形になった。剪定によって、上に伸びた樹形にするか、横に広げた樹形にするか、思いのままの樹形をつくれる（小倉園所蔵）。

トライ 強剪定

適期＝1〜2月（寒冷地では3月）

強剪定をする場合

- 樹齢15年以上たち、木が老いて実つきが悪くなり、木を若返らせたいとき（5年に1回を目安に行う）。
- 枝葉が伸びすぎて手に負えなくなり、一から仕立て直したいとき。

強剪定では、茂りすぎている枝、高くなりすぎた枝、樹形のバランスをくずす枝を、ばっさりと切り落とします。昨年の新梢も切るので今年の収穫は見込めませんが、春以降に元気な枝がたくさん伸びてくるので健康に育て、来年以降の収穫を楽しみに待ちましょう。

思いきり強剪定した場合

ほとんどの枝を切ったので、今年の結実は難しい。

見た目も考えて強剪定した場合

結実する枝を少し残してあるので、わずかに収穫が見込める。

強剪定前

強剪定前

強剪定後

強剪定後

仕立て方 ① 好みの用途の樹形に仕立てる

適期＝一年中（苗の購入後がベスト）

この木を剪定
主枝が数本出ている。主枝とは、主幹から直接伸びて木の骨格となる枝。

オリーブは品種によっていろいろな樹形がありますが、苗のころから切る枝を考えて剪定していくことによって、理想の形に仕立てることができます。

弱い剪定
高さを抑える。

小さな枝葉の上で主幹を切る。

剪定前　　剪定後

この枝や芽が伸びる。

→

一番上の枝や芽が主枝に成長し、ほどよいボリュームが出る。

成長後

収穫向けの剪定
高さを低く抑える。

主枝のすぐ上で主幹を切る。
株元の主枝も切る。

剪定前

ここからはもう伸びない。

剪定後

上に伸びる力がなくなったので、横にボリュームが出る。

成長後

狭い空間に向く剪定
まっすぐに高く伸ばす。

主幹は切らず、主枝を数本間引く。

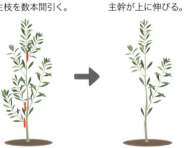

剪定前　　　　→　　　剪定後

主幹が上に伸びる。

上に伸びる力が強く、スリムな樹形になる。

成長後

Column

仕立て方 ❷ エスパリエ風仕立て

適期＝一年中（苗の購入後がベスト）

光と風をたっぷり取り込む

オリーブは枝が多いほど果実が多くつきますが、枝がふえるほど木の内側の日当たりや風通しは悪くなります。

この仕立て方は、枝を誘引することによって新しい枝が伸びる余地をつくり、伸びた枝にたっぷり光と風が当たるようにするものです。

誘引時に枝を多く剪定するため、次のシーズンの結実は見込めませんが、まずは樹形づくりを優先させ、収穫はその次のシーズンを待ちましょう。

仕立て後の樹形
3年ほど前から樹形づくりを始めた6年生の'コロネイキ'。樹形づくりをした結果、収穫量が2割ほど上がった。

❶ 鉢にひもを巻く
鉢に二重にひもを巻いて結ぶ。

❷ 枝を誘引する
曲げたい枝にひもをかけて下に引き、鉢に巻いたひもを通して結ぶ。

❸ 誘引完了
この鉢植えでは中央の枝1本は誘引せず、上に伸ばす樹形にした。

❹ 剪定する
樹形を早く完成させるため、長い枝や混み合った枝を切り詰める。

施肥

適期＝2〜3月、6月（生育が悪いとき）、10月

施す量は、3回とも、肥料のパッケージに書かれた規定量を施します。

用意するもの

肥料
三要素等量で微量要素を含む有機質肥料や緩効性化成肥料が適する。固形、顆粒など使い勝手のよいものを選ぶ。

肥料の例

オリーブ専用の緩効性化成肥料

有用微生物や有機質を含む緩効性化成肥料

固形の有機質肥料

有用微生物を含む有機質肥料

鉢植えの施肥

鉢縁に沿って施肥
根は鉢の縁に多いので、鉢縁に沿って規定量の肥料を置く。

Column

微量要素が不足すると

肥料の主成分はチッ素（N）、リン酸（P）、カリ（K）ですが、植物には鉄やマンガンなどの微量要素も必要です。特にオリーブは微量要素が不足すると、葉の先端から半分の色が薄くなり、放置するとそこが茶色く枯れます。葉色が薄くなった段階のうちに、微量要素を含む肥料を施しましょう。

微量要素不足のサイン
葉の先端半分の色が薄い。

庭植えの施肥

① 溝を掘って肥料をまく
枝先より一〜二回り内側に浅い溝を掘り、規定量の肥料をまく。

② 土と混ぜる
肥料に軽く土をかぶせる。

基本 土壌改良（庭植え）

適期=2月

日本の土壌は雨などで酸性に傾きがちです。そのため、庭植えでは1年に1回石灰類を施して、土壌をオリーブが好む弱アルカリ性に保ちます。

石灰類の例

有機石灰

苦土石灰

溝を掘って石灰類をまき、土と混ぜる
施肥と同様に、枝先より一〜二回り内側に浅い溝を掘り、袋に書いてある規定量の石灰類をまき、軽く土と混ぜる。施肥と同時に行ってもよい。

March
3月

基本 基本の作業
トライ 中級・上級者向けの作業

今月の主な作業

- 基本 冬の剪定
- 基本 日々の剪定
- トライ 強剪定（寒冷地）
- 基本 植えつけ、植え替え（中旬から最適期）

3月のオリーブ

中旬ごろまでは生育停滞中ですが、暖かくなるにつれて動きだし、淡いグリーンの新芽を展開し始めます。冬の剪定は新芽が動きだす前に済ませておきます。

中旬以降、植えつけや植え替えの最適期になります。この機会に、新しく育てたい品種を考えるのも楽しいことでしょう。オリーブの苗木は園芸店やインターネットの通信販売などで入手できます。購入後はすぐに植えつけや植え替えを行いましょう。

オリーブの萌芽。明るい萌黄色の芽は春の訪れを告げる。

主な作業

基本 冬の剪定（上旬まで）

芽が動きだす前までに終わらせます。42～45ページ参照。

基本 日々の剪定（中旬から）

春から秋まで日常の習慣のように行う

新芽が動きだしてからは、生育停滞中に行う冬の剪定のように、枝を大きく切り詰める剪定はできません。でも、木は成長しているので、枝は伸びて樹形は変化していきます。日ごろから木を見て、傷んだ枝があったり、邪魔な枝が伸びていたりしたら、いつでも剪定し、樹形を保って木の内側の日当たりと風通しをよくしておきましょう。

トライ 強剪定（寒冷地）

寒冷地では今月も行えます。作業は47ページを参照してください。

基本 植えつけ、植え替え

鉢植え、庭植えとも

オリーブは成長が早いので、鉢植えは根詰まりしないように、3年に1回を目安に植え替えます。苗木は購入後すぐに庭や鉢に植えつけましょう。実際の作業は、鉢植えは54～55ページ、庭植えは56～59ページ参照。

今月の管理

- ☀ 戸外の日当たりと風通しのよい場所
- 💧 鉢植えは鉢土の表面が乾いたら、庭植えは不要
- 🌱 芽出し肥を施す（2～3月に1回）
- 🐛 オリーブアナアキゾウムシが活動開始

管理

🪴 鉢植えの場合

☀ 置き場：日当たりと風通しのよい場所

1月に準じます（39ページ参照）。すべての新芽にたっぷりと日が当たるような場所が理想的です。寒冷地で戸外に出した場合は遅霜に注意します。

💧 水やり：鉢土の表面が乾いたら

日ざしが強くなると、そのぶん土の乾きも早くなります。水切れに注意して、乾いていたら、鉢底から流れ出るまでたっぷりと水を与えます。

🌱 肥料：芽出し肥を施す

2月に施していない場合は今月中に施します（50～51ページ参照）。

🏠 庭植えの場合

💧 水やり：不要

🌱 肥料：芽出し肥を施す

2月に施していない場合は今月中に施します（50～51ページ参照）。

🪴🏠 病害虫の防除

病原菌や害虫が越冬から覚め始める

基本的には1～2月と同じですが、暖かくなる下旬ごろから、オリーブアナアキゾウムシなどが活動を始めます。日ごろから木を観察し、早期発見、早期対処に努めましょう（80～85ページ参照）。病原菌や害虫は、落ちた枝葉や周囲の野草の中にも潜んでいるので、株元や周辺は常に庭掃除や除草をしてきれいにしておきます。

Column

オリーブの盆栽

オリーブの楽しみ方はいろいろありますが、盆栽もその一つ。右の写真は22年間にわたって手入れされてきた盆栽です。毎年果実もしっかりつけます（パワジオ倶楽部・前橋所蔵）。

夏の果実にも風情を感じる。

基本 植えつけ、植え替え（鉢） 適期＝一年中（最適期は3月中旬〜5月中旬）

3年に1回を目安に

鉢植えを何年も植え替えていないと、根が鉢の中いっぱいに広がり、根の伸びる余地がない「根詰まり」を起こします。根詰まりになると、根が水や肥料を十分に吸収できなくなります。用土も通気性がなくなり、水やりの水がすぐに引かないほど硬く締まってしまいます。放置すると生育不良の原因になるので、3年に1回を目安に、新しい用土を用いて植え替えます。

鉢のサイズと用土

購入した苗木は、一〜二回り大きな鉢に植えつけます。その後は、植え替えのたびに鉢を大きくするのは大変なので、同じサイズでもかまいません。

用土は水はけと通気性があり、なおかつ水もちのよいものを使います。

鉢の素材に合わせて水やりを

鉢は、プラスチック鉢、駄温鉢、テラコッタ、素焼き鉢など広範囲のものが使えます。35ページの写真のように底に穴をあけた空き缶に植えてもおしゃれです。通気性のよいテラコッタや素焼き鉢は用土が乾きやすいので、水やりに注意します。

真夏と真冬は置き場所に注意

暑い時期の植え替え後の鉢植えは、風通しのよい明るい日陰など、涼しい場所で管理しましょう。真冬の植え替え後は、寒風や凍結にあわない場所で管理します。

用意するもの
- Ⓐ 苗木（写真は4年生）
- Ⓑ 一〜二回り大きい鉢
- Ⓒ 草花や野菜用の培養土
- Ⓓ 左から／鉢底石、肥料（三要素等量で微量要素を含んだ肥料）、鉢底網
- Ⓔ 上から／根をほぐす熊手、ひも、40cm以上の支柱

1 根鉢の処理

苗木を鉢から抜き、根鉢の肩の部分と下部をくずす。夏と冬は軽くくずす程度にとどめる。

2 用土と肥料を入れる

鉢底網、鉢底石(厚さ2cm)、用土の順に入れ、苗木を置いて深さを調節したら肥料を用土に混ぜる。

3 用土を入れる

苗木を置いて周囲に用土を入れる。

4 用土を詰める

入れた用土に手をさし込むと、用土が沈む。沈んだ分だけ用土を足し、最後に表面を押さえて詰める。

5 支柱を立てる

鉢底まで支柱をさし込み、株がぐらつかないように、株元と上部の2か所で縛る。

6 剪定したら植え替え終了

長く伸びて樹形を乱す枝や、不要な枝(44〜45ページ参照)を剪定し、鉢底から流れ出るまで水を与える。

基本 植えつけ(庭) [1]

適期＝一年中(最適期は3月中旬〜5月中旬)

植える場所を吟味する

一度植えつけてしまったら、水やりや植え替えの手間がいらないのが、庭植えのよいところです。

でも、植えつけたオリーブは、その場所で長く育つことになります。日当たりと風通しがよいことはもちろん、管理・作業がしやすい場所か、周囲の建物や通行の邪魔にならないかなど、さまざまなことを考慮して植える場所を決めましょう。

植え穴の大きさ

植える穴は、直径が苗木が植えてあるポットの3〜5倍、深さは40〜50cmくらい掘りましょう。穴掘りは大仕事ですが、オリーブにしっかり根を張ってもらうために大切です。

穴の直径と深さから、穴の容積を計算しておきます(半径の2乗×3.14×深さ)。それが掘り上げる土の量になります。腐葉土などの量は、掘り上げる土の量から計算して用意しましょう。

用意するもの

Ⓐ〜Ⓖの％などの数値は掘り上げた土に対する割合。写真の場合、穴が直径60cmなので、半径30cm×30cm×3.14×深さ50cmで、約140ℓの土を掘り上げた。

- Ⓐ パーライト 15%
- Ⓑ 腐葉土 15%
- Ⓒ 赤玉土小〜中粒 15%
- Ⓓ 鶏ふん堆肥 2〜3%
- Ⓔ 牛ふん堆肥 15%
- Ⓕ 有機石灰 土1ℓにつき2〜3g
- Ⓖ もみ殻くん炭 5%以内

・剪定バサミ
・長さ150cm以上の支柱3本、ひも
・品種名を書くラベル
・バケツ、ジョウロ、ホースなどの水やりの道具

植え穴を掘り、用土をつくる

1 植え穴を掘る

掘り上げた土はすべて埋め戻すときに使うので、穴の横に置いておく。

2 掘り上げた土とⒶ～Ⓖを均等に混ぜる

Ⓐ～Ⓖと掘り上げた土の山を、端から2回切り返して混ぜるとよい。

> **掘り上げた土は全部使う**
>
> 掘り上げた土にさまざまな資材を混ぜると、埋め戻すとき、穴に入りきらないと思いませんか？ でも、58ページのように、やや高植えにしたり、環状の土手（水鉢）をつくったりするため、穴より多めの用土が必要なのです。

苗木の剪定（植えつけ後でもよい）

3 購入した苗の準備

成長した樹形を想像して剪定する。庭植えでは下枝は落とし、株元をすっきりとさせたほうがよい。

4 不要な下枝は切る

つけ根から切る。剪定後の切り口には、樹木用の殺菌剤入り癒合剤を塗っておく。

5 ほかに切る枝はないか確認する

迷ったら、手で隠して枝がない状態を想像し、切るか残すか決める（この枝は植えつけ後に剪定）。

→次のページに続く。

基本 植えつけ（庭）[2]　適期＝一年中（最適期は3月中旬〜5月中旬）

苗木を植える

6 穴に用土を入れて植える高さを確かめる

用土を入れたら苗を置き、根鉢の表面が少し地面から出る程度の、やや高植えになるように調整する。

7 埋め戻して環状の土手（水鉢）をつくる

用土をすべて埋め戻したら軽く株元を踏み固め、最後に縁が高い水鉢をつくる。

支柱、樹形確認、ラベル

8 支柱を立てて2か所結ぶ

3本の支柱を深く地面にさし込み、支柱の上部をしっかり縛る（黒い矢印）。芯にする枝と支柱を8の字に結ぶ（赤い矢印）。

9 樹形を見直す

植えると木の背丈が低くなり、鉢植えの苗のときと印象が変わるので見直す（57ページの❺で剪定を迷った枝は切り落とした）。

10 品種名を書いたラベルをつける

深植えは厳禁、高植え気味に

植える深さは、根鉢の表面を地面と同じ高さにするか、地面よりやや高くなる高植えにします。株元が埋まる深植えは厳禁です。特に水はけが悪い土壌では高植えにします。埋め戻している途中で深植えになったら、苗木を少し持ち上げて深さを調節しましょう。

支柱は素材のよいものを

植えつけ時の支柱は6〜7年間立てておきます。そのため、支柱も結ぶひもも、丈夫で高品質のものを使いましょう。竹などの自然素材は腐るので不向きです。

水やりをして、植えつけ完了

⑪ たっぷり水を与える
バケツなら5～6杯、ホースなら水たまりができるくらいまで、水鉢の中にたっぷりと水を与える。

⑫ 植えつけ完了

水鉢はオリーブへのプレゼント

水鉢は、植え穴にたっぷり水をしみ込ませるために、株元の周囲につくる土手のこと。庭植えでは基本的に水やりが不要なので、オリーブにとって、植えつけ時が最初で最後の水やりになります。水鉢はしっかりとつくり、その後の成長を願って、水をたっぷり与えましょう。

Column

オリーブ紀行 ②

小アジアから世界へ

オリーブの原産地は、地中海沿岸や北アフリカ一帯と考えられています。栽培の始まりには諸説ありますが、約6000年前の小アジアの一部、トルコ南部やシリア周辺で栽培法が確立したといわれます。

オリーブ栽培は、地中海での海上貿易に長けたフェニキア人によってギリシャの島々に伝えられました。紀元前20～14世紀のミノア文明を生んだクレタ人たちは、オリーブオイル貿易を独占し、大きな富を得たそうです。

紀元前14～12世紀にはギリシャ本土へ伝わり、栽培や精油の方法がいっそう洗練され、重要な産業として発展していきました。紀元前6世紀ごろから古代ローマ帝国の拡大に伴い、北アフリカやイタリア、スペインなど、広い地域に伝わっていきます。

15世紀のコロンブスのアメリカ大陸到達以降、オリーブはアメリカ大陸にも広がりました。今ではオーストラリアやチリなど、世界各地がオリーブの産地になっています。

日本には約400年前の安土桃山時代に、ポルトガル人の宣教師によってオリーブオイルが伝えられました（92ページに続く）。

April
4月

今月の主な作業

- 基本 日々の剪定
- トライ ソフトピンチ
- 基本 植えつけ、植え替え（最適期）

基本 基本の作業
トライ 中級・上級者向けの作業

4月のオリーブ

　ぽかぽかした陽気の日がふえると、新芽がぐんぐん成長し、枝先に明るいグリーンの若葉が風になびきます。寒冷地ではようやく成長が見えてくる時期でしょう。

　引き続き、苗木の植えつけや植え替えの適期です。すでに植えつけた人は、日照不足や水切れに気をつけながら成長を見守りましょう。木の成長が活発になってくると、害虫たちも活動を始めます。

春になると、去年の茶色い枝先から、明るい緑色の新梢が伸びてくる。

主な作業

基本 日々の剪定
春から秋まで日常の習慣のように行う

　冬の剪定のように枝を大きく切り詰めることはできませんが、枝が伸びて樹形が乱れてきたり、混み合った枝や枯れ枝、株元で茂る枝を見つけたりしたら、こまめに剪定しましょう。樹形を保ち、日当たりと風通しをよくしておきましょう。作業は67ページ参照。

トライ ソフトピンチ
新梢の先端を摘んで枝をふやす

　枝をふやして果実を多くつけさせたいときや、枝のない空間があって樹形が整わないときなどは、伸びてきた枝の先端を摘み取ると枝がふえます。

基本 植えつけ、植え替え
　3月に続いて最適期です。54〜59ページ参照。

ソフトピンチ
新しく伸びた枝先の1〜2芽を指先で摘み取ると、残した枝先の葉のつけ根にある芽が伸びる。春から夏に伸びてくる枝に来年果実がつく。

今月の管理

- ☀ 戸外の日当たりと風通しのよい場所
- 💧 鉢植えは鉢土の表面が乾いたら、庭植えは不要
- 🎲 寒冷地では芽出し肥
- 🐛 オリーブアナアキゾウムシ、ハマキムシ類など

管理

🪴 鉢植えの場合

☀ 置き場：日当たりと風通しのよい場所

新芽にたっぷりと日が当たるような、日当たりと風通しのよい場所に置きます。

💧 水やり：鉢土の表面が乾いたら

日ざしが強くなるにつれて水やりの回数もふえます。水切れさせると開花や結実に影響するので注意します。乾いていたら、鉢底から流れ出るまでたっぷりと水を与えます。

🎲 肥料：寒冷地では芽出し肥を施す

寒冷地では4月に芽出し肥を施します。施し方などは2月に準じます（50〜51ページ参照）。

🌱 庭植えの場合

💧 水やり：不要

🎲 肥料：寒冷地では芽出し肥を施す

寒冷地では4月に芽出し肥を施します。施し方などは2月に準じます（50〜51ページ参照）。

🪴🌱 病害虫の防除

オリーブアナアキゾウムシ、ハマキムシ類など

暖かくなると多くの病原菌や害虫が活動を始めます。木をよく見て異変を見つけたら、株元や葉の様子を観察しましょう。それぞれの被害状況と対策は80〜85ページを参照してください。

幹の下部から木くずのようなものが出ていたら、オリーブの大敵であるオリーブアナアキゾウムシの幼虫が幹の内部を食べています。また、新梢の葉はハマキムシの被害を受けやすいので注意しましょう。

害虫も病気も、見つけしだい捕殺したり、発病部分を取り除いたりして、まん延を防ぎます。ただし被害が広がりそうなときは、適用のある薬剤の散布が有効です。

木が茂りすぎて日当たり、風通しが悪くなっていたり、雑草が株元を覆っていたりすると、病気や害虫を発見しにくくなるので、剪定や除草など日々の手入れが予防につながります。

May
5月

今月の主な作業

- 基本 日々の剪定
- トライ ソフトピンチ
- 基本 植えつけ、植え替え（5月中旬まで最適期）
- トライ 人工授粉

基本 基本の作業
トライ 中級・上級者向けの作業

5月のオリーブ

5月中・下旬になると、枝の途中に、ミルク色の小さな花が房状に咲き始めます。開花期は品種によって早い遅いがあります。

花が咲いている期間は1週間ほどと短く、その間に受粉して果実をつけます。風で運ばれてくる花粉を待って、自然に受粉させてもよいのですが、確実に結実させたいなら人工授粉を行います。鉢植えは開花中は雨に当てないように管理しましょう。

オリーブの蕾。去年伸びた枝の途中にある葉のわきから、房状にたくさんつく。

主な作業

基本 日々の剪定

4月に準じます（作業は67ページ参照）。ただし、開花中の株は剪定を控えます。

トライ ソフトピンチ

4月に続いて行えます（60ページ）。

基本 植えつけ、植え替え

先月に続いて中旬まで最適期です。作業は54〜59ページ参照。

トライ 人工授粉

確実に結実させたいときに行う

オリーブには、1品種だけでは受粉しにくい「自家不結実性」という性質があり、多くは風で運ばれてきたほかの品種の花粉で受粉します。

何年も育てているのに結実しない、結実しても数が少ないなどの悩みがあったら、別の品種の花粉を用いて人工授粉をしてみましょう。ベランダなどで育てている場合も、花粉が風で飛んでくる確率が低いので有効です。

オリーブは花が咲いている期間が短いのでタイミングを逃さないように。

開花中は雨に当たらないように、軒下などに鉢を置きましょう。

今月の管理

- ☀ 戸外の日当たりと風通しのよい場所。開花中は雨に当たらない場所
- 💧 鉢植えは鉢土の表面が乾いたら、庭植えは不要
- 🧪 不要
- 🐛 オリーブアナアキゾウムシ、ハマキムシ類など

管理

鉢植えの場合

☀ 置き場：開花株は雨に当てない

日当たりと風通しのよい場所に置きます。ほかの品種の花粉を受粉しやすいように、開花前に鉢どうしを近づけます。雨で花がぬれると花粉が飛散しにくく、花が落ちることもあるので、開花中は軒下などに移動させます。

💧 水やり：鉢土の表面が乾いたら

乾いていたら鉢底から流れ出るまでたっぷりと水を与えます。開花中は花をぬらさないように株元に与えます。

🧪 肥料：不要

庭植えの場合

💧 水やり：不要
🧪 肥料：不要

病害虫の防除

オリーブアナアキゾウムシ、ハマキムシ類、梢枯病など

4月に準じます（61ページ参照）。病気では、枝が茶色く枯れ込む梢枯病が発生し始めます（81ページ参照）。

トライ 人工授粉

適期＝5月中旬～6月上旬の開花中

耳かき用の梵天を使う

花が十分に開いたら、2～3本束ねた梵天を雄しべにごく軽くこすりつけて花粉を採取。そのまま別の木の花の雌しべに軽くこすりつけて受粉させる。花粉がたくさん出る午前中が効果的。花を傷つけないようにやさしく行う。

花粉を分けてもらう

紙コップなどに花房を入れて振る。花粉が落ちたら紙コップごとポリ袋などに入れて持ち帰り、自宅の花に梵天などで花粉をつける。オリーブを育てている知人からもらったり、購入したお店に相談したりするとよい。

June
6月

基本 基本の作業
トライ 中級・上級者向けの作業

今月の主な作業

- 基本 日々の剪定
- トライ ソフトピンチ
- 基本 植えつけ、植え替え
  （最適期は3月中旬～5月中旬）
- 基本 台風対策
- 基本 摘果　　トライ 人工授粉
- トライ さし木（緑枝ざし）

6月のオリーブ

　受粉した木では、6月上旬ごろから小さな果実が姿を見せます。この時期、水切れ、肥料切れ、病害虫の被害などに注意しましょう。

　黄色い葉の落葉が目立つことがあります。これは新しい枝が成長するにつれて、古い葉が役目を終えて落ちるためです。新しい枝が元気なら心配はありません。一方、全体的に落葉している、枝先から枯れるなどの様子が見られたら、肥料不足やコガネムシ類の幼虫被害、梢枯病などの可能性があります。

幼果は淡いグリーン。小さくてかわいらしい。

主な作業

基本 日々の剪定

果実を傷つけないように剪定

　果実が育っていても、枝葉はどんどん成長して茂り、果実への日当たりと風通しが妨げられます。枝垂れるように伸びた枝は、重みで木に負担をかけています。茂りすぎて木の内部が見えにくくなると、病害虫の発見も遅れます。枝垂れた枝は短くカットして姿よく整え、混み合った枝は減らしてすっきりと。日ごろからこまめに手入れをしましょう（67ページ参照）。ただし、開花中の株は剪定を控えます。

トライ ソフトピンチ（上旬まで）

　4月に準じます（60ページ参照）。

基本 植えつけ、植え替え

　最適期は5月中旬までですが、一年中行えます（54～59ページ参照）。

基本 台風対策

台風が来る前に行う

　最近は温暖化の影響で夏前から接近する台風がふえています。強い風雨に当たると、枝が折れたり、葉がこすれ

「見つけると幸せになれる」という珍しいハート形の葉。探してみよう。

たりして傷みます。傷口から病原菌も入りやすくなります。天気予報に注意し、台風が接近する前に、庭植えでは支柱をしっかり立て、鉢植えは風雨を避けられる場所に移動させましょう。支柱の立て方は58ページと同様です。

基本 摘果

果実が中型〜大型の品種で行う

果実が大きくなるにつれて、自然に落ちる果実が出てきます。これは、樹齢や株のサイズに見合った数の果実を残し、しっかり成熟させるための「生理的落果」なので心配はいりません。通常、残るのは花の数の1割ほどです。

中型〜大型の果実をつける品種では、摘果を行って数を減らすと、その品種本来の大きさの果実に育ちます。

トライ 人工授粉（開花中）

5月に準じます（63ページ参照）。

トライ さし木（緑枝ざし）

元気な新枝をさし木して育てる

新枝をさすため、冬の太木ざしより、穂木にする枝を得やすいのですが、さし木後の管理は難しくなります。実際の作業は87ページ参照。

基本 摘果

適期＝6月〜7月上旬

大きい果実を残して摘み取る
果実がブドウの房のようについていると、それぞれが大きくならないので、指で摘み取る。

中型〜大型の品種では1房に1〜2個
数を減らすことで、品種本来の大きさの果実に成長する。

> **今月の管理**
> ☼ 戸外の日当たりと風通しのよい場所。開花中は雨に当たらない場所
> 💧 鉢植えは鉢土の表面が乾いたら、庭植えは不要
> 🟫 生育を見て追肥
> 🐛 オリーブアナアキゾウムシ、ハマキムシ類、スズメガ、コガネムシ類の幼虫、梢枯病など

管理

🪴 鉢植えの場合

☼ 置き場:開花株は雨に当てない

5月に準じます（63ページ参照）。台風が来るときは強い風雨に当たらない場所に移動させます。

💧 水やり:鉢土の表面が乾いたら

乾いていたら、鉢底から流れ出るまでたっぷりと水を与えます。開花中は花に水をかけないように株元に与えます。梅雨入り後は、過湿による根腐れに注意します。

🟫 肥料:生育が悪かったら追肥

この時期は果実の成長に養分を取られるため、木全体が栄養不足になりがちです。葉色が薄くなり、木に勢いがなかったら肥料切れのサイン。そのような様子が見られたら、真夏が来る前に肥料を施しましょう。

肥料の施し方や肥料の種類については、50～51ページを参照してください。

🏠 庭植えの場合

💧 水やり:不要

🟫 肥料:生育が悪かったら追肥

鉢植えと同様に、葉色が薄くなっていたり、木に勢いがない場合は、追肥をします（50～51ページ参照）。

🪴🏠 病害虫の防除

オリーブアナアキゾウムシ、ハマキムシ類、スズメガ、コガネムシ類の幼虫、梢枯病など

4月に準じます（61ページ参照）。

この時期は高温多湿で、病気や害虫がまん延しやすくなるので、特に病気や害虫の早期発見、早期対処に努めます（80～85ページ参照）。スズメガの幼虫のような巨大なイモムシが発生すると、葉が食べつくされることもあります。土の中にコガネムシ類の幼虫がいると、根を食べられて、落葉したり木が枯れたりします。

株元は常にきれいにし、適宜整枝・剪定して病気や害虫を発見しやすく、発生しにくい環境をつくりましょう。

基本 日々の剪定　適期＝3月中旬〜12月

日々のお手入れのように

オリーブの成長はとても早く、新しい枝がどんどん伸びて、枝や果実への日当たりや風通しが悪くなります。枝の伸びに栄養が取られ、果実の成熟にも影響が出ます。日々、目を配って、気づいたときに不要な枝や樹形を乱す枝を剪定しましょう。44〜45ページのような枝も見つけたら剪定します。今年伸びた枝を全部切ってしまうと来年果実がつかないので注意しましょう。

同じ方向に伸びる枝を切る
このまま伸ばすと混み合うので、早めに枝を減らしてすかす。

交差枝を切る
バランスを見てどちらかを切る。迷ったときは、内側を向いた枝を切るとよい。

剪定前 → 剪定後はすっきり

長く枝垂れた枝を切る
枝垂れた枝は樹形を乱すだけでなく、木に負担をかける。果実を傷つけないように剪定。

オリーブの夏の1か月の成長

左右の写真をよく見比べてください。同じ木ですが、たった1か月の間に、これだけ上に枝が伸び出しました。

7月19日のオリーブ → 8月17日のオリーブ

July
7月

基本 基本の作業
トライ 中級・上級者向けの作業

今月の主な作業

- 基本 日々の剪定
- 基本 植えつけ、植え替え
  （最適期は3月中旬〜5月中旬）
- 基本 台風対策
- 基本 摘果
- トライ さし木（緑枝ざし）

7月のオリーブ

　果実は少しずつ太って、オリーブの実らしくなってきます。葉は風を受けて白い葉裏をきらめかせ、清涼感を感じさせてくれていることでしょう。

　オリーブは成長が早いので、新梢が伸びすぎて枝垂れていたり、枝数がふえて混み合っていたりします。蒸れは病気や害虫発生のもと。不要な枝を取り除き、風通しをよくしましょう。

太ってきた果実。9月中旬ごろまで肥大が進む。水切れに注意して見守ろう。

主な作業

基本 **日々の剪定**
　6月に準じます（67ページ参照）。

基本 **植えつけ、植え替え**
　3月に準じます（54〜59ページ参照）。植えつけ後の鉢植えは強い直射日光を避け、風通しがよく、なるべく涼しい場所で大事に管理しましょう。

基本 **台風対策**
　6月に準じます（64ページ参照）。

基本 **摘果（上旬まで）**
　6月に準じます（65ページ参照）。

トライ **さし木（緑枝ざし、上旬まで）**
　6月に続いて行えます（作業は87ページ参照）。

しなやかな枝を使って庭を演出。

今月の管理

- ☀ 戸外の日当たりと風通しのよい場所
- 💧 鉢植えは鉢土の表面が乾いたら、庭植えは基本的には不要
- 🎲 不要
- 🦠 炭そ病の発生が目立ち始める

管理

🪴 鉢植えの場合

☀ 置き場：日当たりと風通しのよい場所

梅雨明け後は猛暑がやってきます。オリーブは真夏の直射日光下でも大丈夫ですが、できるだけ風通しのよい場所に置きましょう。コンクリートのベランダなどでは床が高温になるため、すのこや台の上に鉢を置く、打ち水をするなどして、涼しくしましょう。

💧 水やり：鉢土の表面が乾いたら

乾いていたら鉢底から流れ出るまでたっぷりと水を与えます。梅雨の間は過湿による根腐れに注意します。梅雨明け後は鉢土の乾きが早いので注意。

🎲 肥料：不要

水切れのサイン
新芽の先が垂れたり、果実がしぼんでいたりしたら水やりを。この程度なら新芽も果実も元に戻る。

🏠 庭植えの場合

💧 水やり：基本的には不要

庭植えは、植えつけ時にしっかり水を与えていれば、その後の水やりは必要ありません。でも、新芽の先が垂れていたら、株元に水たまりができるくらい、たっぷりと水を与えましょう。

🎲 肥料：不要

🪴🏠 病害虫の防除

オリーブアナアキゾウムシ、ハマキムシ類、スズメガ、梢枯病、炭そ病など

4月、6月に準じます（61、66ページ参照）。発病した枝葉は速やかに取り除き、害虫は見つけしだい捕殺してまん延を防ぎます（80〜85ページ参照）。

果実がふくらんでくる時期から注意したいのが、果実を侵す「炭そ病」です。発病した果実は見つけしだい、1粒も残さず摘み取り、適宜整枝・剪定して風通しをよくして予防しましょう。

株元は常にきれいにし、適宜整枝・剪定して病害虫が発生しにくい環境をつくりましょう。

August
8月

今月の主な作業
- 基本 日々の剪定
- 基本 植えつけ、植え替え
  （最適期は 3 月中旬～ 5 月中旬）
- 基本 台風対策

基本 基本の作業
トライ 中級・上級者向けの作業

8月のオリーブ

　果実が着々と成長を続け、果実のつき方や形など、品種ごとの特徴が目に見えてきます。元気に夏越しするように、鉢植えの場合は高温と乾燥に注意しましょう。

　果実が太り始めても枝葉はまだ伸びています。特に庭植えの場合は成長が早く、枝葉が混み合っていることがあります。枝の間はすかし、伸びすぎた枝は適宜切り詰めて、姿よく整えましょう。

主な作業

基本 日々の剪定
　6月に準じます（67ページ参照）。

基本 植えつけ、植え替え
　3月に準じます（54～59ページ参照）。植えつけ後の鉢植えは強い直射日光を避け、風通しがよく、なるべく涼しい場所で大事に管理しましょう。

基本 台風対策
　6月に準じます（64ページ参照）。

順調に育つ果実。8月の果実はまだ堅く、グリーンが濃い。

猛暑の時期は、風通しがよく、涼しい場所で。

今月の管理

- ☀ 戸外の日当たりと風通しのよい場所
- 💧 鉢植えは鉢土の表面が乾いたら、庭植えは基本的には不要
- 🟫 不要
- 🍃 オリーブアナアキゾウムシ、炭そ病など

管理

🪴 鉢植えの場合

☀ 置き場：日当たりと風通しのよい場所
7月に準じます（69ページ参照）。

💧 水やり：鉢土の表面が乾いたら
真夏は鉢土の乾きが早くなります。この時期に水切れを起こすと、果実の肥大が悪くなったり、果実にしわが寄ったりすることがあります。鉢土の状態を見て、乾いていたら鉢底から流れ出るまでたっぷりと水を与えます。

🟫 肥料：不要

🏠 庭植えの場合

💧 水やり：基本的には不要
7月に準じます（69ページ参照）。

🟫 肥料：不要

🪴🏠 病害虫の防除

オリーブアナアキゾウムシ、ハマキムシ類、スズメガ、梢枯病、炭そ病など
7月に準じます（69ページ参照）。

Column

オリーブ紀行 ③

1000年生きている古木

オリーブの特徴の一つは寿命が長いこと。オリーブの主要産地である地中海沿岸地域には、樹齢数百年を超す古木が珍しくありません。写真はトルコで見た樹齢1000年のオリーブ。医師が経営するオリーブ園で大切にされています。葉が小さい野生種で、毎年新芽を伸ばし、果実をつけています。オリーブの強い生命力を感じます。

September
9月

今月の主な作業

- 基本 日々の剪定
- 基本 植えつけ、植え替え
  （最適期は3月中旬～5月中旬）
- 基本 台風対策
- 基本 グリーンオリーブの収穫

基本 基本の作業
トライ 中級・上級者向けの作業

9月のオリーブ

収穫を目前にして、果実の中にはたっぷりとオイルが蓄えられていきます。早い品種では、下旬ごろからグリーンオリーブの収穫を始めることができます。この時期の果実は新漬けにして楽しめます。

なお、果実がよくつく年と、あまりつかない年が交互にやってきます（隔年結果）。今年は収穫量が少なくても、来年に備えて、しっかりと木の手入れをしましょう。

収穫サイズになった'バロウニ'の果実。この品種の果実は特大サイズ。

主な作業

基本 日々の剪定

6月に準じます（67ページ参照）。

だらりと垂れ下がるほど伸びていたり、風通しが悪くなっていたりすると、台風の被害を受けやすくなります。果実を傷つけないように剪定しましょう。

基本 植えつけ、植え替え

3月に準じます（54～59ページ参照）。植えつけ後の鉢植えは強い直射日光を避け、風通しがよく、なるべく涼しい場所で大事に管理しましょう。

基本 台風対策

6月に準じます（64ページ参照）。

基本 グリーンオリーブの収穫

新漬けをつくる

下旬以降、果実の外皮の鮮やかな黄緑色が、黄色みがかったり、表面に赤みがさしたりしたら摘みごろです。色の判断は22～23ページのカラースケールを参照してください。

収穫してから時間がたつと、果実にしわが寄ったり、傷んだりするので、早めに新漬けづくりを開始してください（つくり方は25～27ページ参照）。

今月の管理

- ☀ 戸外の日当たりと風通しのよい場所
- 💧 鉢植えは鉢土の表面が乾いたら、庭植えは基本的には不要
- 🌱 不要
- 🐛 オリーブアナアキゾウムシ、炭そ病など

管理

🪴 鉢植えの場合

☀ 置き場：日当たりと風通しのよい場所

前半はまだ暑い日が続きます。置き場は7月に準じます（69ページ参照）。

💧 水やり：鉢土の表面が乾いたら

この時期に水切れすると、果実の肥大が悪くなったり、果皮にしわが寄ったりします。鉢土の状態をよく観察して、表面が乾いていたらたっぷりと鉢底から流れ出るまで水を与えます。

🌱 肥料：不要

🏡 庭植えの場合

💧 水やり：基本的には不要

7月に準じます（69ページ参照）。

🌱 肥料：不要

🪴🏡 病害虫の防除

オリーブアナアキゾウムシ、ハマキムシ類、スズメガ、梢枯病、炭そ病など

7月に準じます（69ページ参照）。

幹の中にすむゴマダラカミキリの幼虫（テッポウムシ）や、土中にいるコガネムシ類の幼虫の食害も盛んです。

基本 収穫

適期＝9月下旬～12月

どんなにたわわに実っていても、果実は手で1つずつ、大切にもぎ取ります。地面に落とさないように注意。

果梗を固定する
人さし指と中指で果梗（かこう）をはさみ、手のひらで包むように果実を持つ。

ひねるように下に引く
ほかの指で果実を下に引くようにもぎ取る。熟すにつれて、果実がぽろっと取れやすくなる。

October
10月

基本 基本の作業
トライ 中級・上級者向けの作業

今月の主な作業
- 基本 日々の剪定
- 基本 植えつけ、植え替え
  （最適期は3月中旬～5月中旬）
- 基本 台風対策
- 基本 グリーンオリーブの収穫

10月のオリーブ

　多くの品種でグリーンオリーブの収穫期を迎えます。成熟が進むと果皮に赤みがさし、やがて赤紫色に色づいていきます。熟すにつれて果皮が柔らかくなり、新漬けには向かなくなります。グリーンオリーブを収穫し損ねたら、完熟するまで待ちましょう。
　木を疲れさせないように、秋肥を施します。夏の間に剪定していない場合は、涼しくなるこの時期に剪定しましょう。

秋が深まるにつれて赤紫色に色づく果実が目立つ。果実が小型の品種'コロネイキ'。

主な作業

基本 日々の剪定
　6月に準じます（67ページ参照）。
　枝が伸びすぎていると、台風などで折れたり、重みで根が浮いてしまったりします。木の内側もチェックして、枯れ枝が目立つようならすっきりと落とし、特に重く枝垂れている枝は先端を切り詰めて短くします。

基本 植えつけ、植え替え
　3月に準じます（54～59ページ参照）。

基本 台風対策
　6月に準じます（64ページ参照）。

基本 グリーンオリーブの収穫
新漬けをつくる
　9月と同様に、新漬け用果実を収穫します。外皮の色は、22～23ページのカラースケールの1～3です。収穫の方法は73ページ、新漬けのつくり方は25～27ページを参照してください。
　全体的に外皮の色が濃くなってきたものは果皮が柔らかく、新漬けには向きません。濃い赤紫色や黒に完熟するまで待って収穫しましょう。

今月の管理

- ☀ 戸外の日当たりと風通しのよい場所
- 💧 鉢植えは鉢土の表面が乾いたら、庭植えは不要
- 🍙 秋肥を施す
- 🐛 オリーブアナアキゾウムシ、炭そ病など

管理

🪴 鉢植えの場合

☀ 置き場：日当たりと風通しのよい場所

日当たりと風通しのよい場所に置きます。台風が接近するときは、強い風雨が当たらない場所に移動させます。

💧 水やり：鉢土の表面が乾いたら

乾いていたら、鉢底から流れ出るまでたっぷりと水を与えます。

🍙 肥料：秋肥を施す

果実をつけてくれたお礼として肥料を施します。施し方や肥料の種類は50〜51ページを参照してください。

まだ果実が緑色のうちにチッ素分を施すと、果実の着色や成熟に悪影響を及ぼすので、早すぎないように。反対に、寒くなると根が養分を吸収しにくくなるので、遅れないようにもします。

🌱 庭植えの場合

💧 水やり：不要

🍙 肥料：秋肥を施す

鉢植えと同様の肥料を施します（50〜51ページ参照）。

🪴🌱 病害虫の防除

オリーブアナアキゾウムシ、ハマキムシ類、炭そ病など

7月（69ページ）や9月（73ページ）に準じます。

Column

ポリフェノールがたっぷり

オリーブの葉にはモクセイ科特有の「オレウロペイン」というポリフェノールの一種が豊富に含まれています。果実の苦みもこの成分によります。オレウロペインは抗酸化作用、抗菌作用が高く、血圧を下げる効果も報告されています。

地中海沿岸地域では民間薬としても使われてきたオリーブティー。つくり方は31ページ。

November
11月

今月の主な作業
- 基本 日々の剪定
- 基本 植えつけ、植え替え
  （最適期は3月中旬～5月中旬）
- 基本 ブラックオリーブの収穫

基本 基本の作業
トライ 中級・上級者向けの作業

11月のオリーブ

果実は濃い赤紫色や黒へと変わり、完熟果が収穫できるようになります。熟した果実は柔らかく、落果してつぶれてしまうので、とり遅れに注意しましょう。

収穫した果実は塩漬けやメープルシロップ漬けに。'アルベキーナ''コロネイキ''ルッカ''レッチーノ'などオイル分を豊富に含む品種がたくさん収穫できたら、オイル搾りにチャレンジしてみましょう。

ほぼ完熟した濃い赤紫色の果実。品種によってテーブルオリーブやオイルに。

主な作業

基本 日々の剪定
6月に準じます（67ページ参照）。

基本 植えつけ、植え替え
3月に準じます（54～59ページ）。

基本 ブラックオリーブの収穫

塩漬けやメープルシロップ漬けなどをつくったり、オイルを搾ったり

11月中旬以降、22～23ページのカラースケールの6～7に熟した果実を収穫します。

ブラックオリーブの塩漬けは、グリーンオリーブより苦みが抜けて芳醇な味覚です。また、オイル分を多く含む品種で500gほど果実がとれたら、オリーブオイル搾りもできます。収穫の方法は73ページ、食べ方は28～31ページを参照してください。

果実は完熟して落果する前に収穫します。天候や品種によって色づきが遅いものがありますが、12月まで収穫できるので、慌てなくても大丈夫。なお、11月以降に収穫したものは、外皮が緑色でも果肉の成熟は進んでいるので、塩漬けやオイルに利用できます。

今月の管理

- ☀ 戸外の日当たりと風通しのよい場所
- 💧 鉢植えは鉢土の表面が乾いたら、庭植えは不要
- ⚬ 不要
- 🐛 炭そ病など

管理

🪴 鉢植えの場合

☀ 置き場：日当たりと風通しのよい場所

日当たりと風通しのよい場所に置きます。霜が降り始める地域では、夜間に土が凍結しないように、鉢を軒下などに移動させます。

💧 水やり：鉢土の表面が乾いたら

乾いていたら、鉢底から流れ出るまでたっぷりと水を与えます。寒冷地では、水やりで土が凍結しないように、日中に水を与えるとよいでしょう。

⚬ 肥料：不要

🏠 庭植えの場合

💧 水やり：不要

⚬ 肥料：不要

🪴🏠 病害虫の防除

オリーブアナアキゾウムシ、ハマキムシ類、炭そ病など

7月に準じます（69ページ参照）。

気温が下がるにつれ、病気や害虫は減っていきますが、まだ注意は必要です。炭そ病の果実は1粒も残さず摘み取って処分しましょう。

Column

オリーブオイルをデザートに

オリーブオイルは、じつは、フルーツやバニラアイスとも相性がよいのです。写真は、カットしたオレンジとグレープフルーツに、オリーブオイルをたっぷりかけた一皿。オイルが柑橘類の酸味をまろやかにしてくれます。栽培を機会にオイルの楽しみ方も広げてください。

December 12月

今月の主な作業

- 基本 日々の剪定
- 基本 植えつけ、植え替え
  （最適期は3月中旬〜5月中旬）
- 基本 ブラックオリーブの収穫

基本 基本の作業
トライ 中級・上級者向けの作業

12月のオリーブ

寒さの訪れとともに、オリーブの生育は止まっていきます。

収穫は年内のうちに。木を疲れさせないために、果実はすべて年内に摘み取ってしまいましょう。植え替えや剪定はこの時期でもできるので、収穫を終えてから行うのもよいでしょう。特に、根詰まりしたまま冬越しさせると、翌年の生育に影響が出ることがあります。

果実がまだ枝にたくさん残っていたら、剪定を兼ねて枝ごと収穫。

主な作業

基本 日々の剪定

6月に準じます（67ページ参照）。

収穫後は果実を落としたり傷つけたりする心配がなくなるので剪定しやすくなります。下旬になっても果実が残っている場合は、果実ごと枝を剪定してもかまいません。

基本 植えつけ、植え替え

3月に準じます（54〜59ページ）。

基本 ブラックオリーブの収穫

果実は年内にすべて摘み取る

11月と同様に、塩漬けやメープルシロップ漬け、オリーブオイル搾り用の果実を収穫します。この時期に収穫したものは、外皮が緑色でも果肉の成熟は進んでいるので、塩漬けやオイルに利用できます。

果実をいつまでも木に残しておくと、木が栄養分の蓄積を十分にできなくなり、翌年の生育が悪くなります。まだ全体が色づいていない果実も収穫し、木を休ませましょう。

今月の管理

- ☀ 戸外の日当たりのよい場所
- 💧 鉢植えは鉢土の表面が乾いたら、庭植えは不要
- 🎲 不要
- 🐛 特に発生はない

管理

🪴 鉢植えの場合

☀ 置き場：日当たりのよい場所

日当たりのよい場所に置きます。オリーブは比較的寒さに強いのですが、寒冷地では戸外で冬越しさせることは難しいので、日当たりがよく、暖房のない室内などに取り込みます。

💧 水やり：鉢土の表面が乾いたら

乾いていたら、鉢底から流れ出るまでたっぷりと水を与えます。寒冷地では、水やりで土が凍結しないよう注意します。水やりは日中に行うとよいでしょう。

🎲 肥料：不要

🌱 庭植えの場合

💧 水やり：不要
🎲 肥料：不要

🪴🌱 病害虫の防除

年内最後の確認を

寒さとともに病原菌や害虫は越冬に入ります。炭そ病の果実や発病した枝などを見つけたら取り除きます。

Column

オリーブ紀行④

人々の生活を支えてきたオリーブオイル

オリーブは古くから、地中海沿岸に暮らす人々の大切な栄養源でした。その果実から搾るオリーブオイルは、傷をいやす薬でもあり、神殿に灯すランプの貴重な燃料でもありました。

果実を加熱せずに、果肉を搾って採るオイルは、オリーブの果汁ともいえます。抗酸化作用のあるビタミンEやオレイン酸を摂取できるため、現在でも生活習慣病の予防に効果が高いオイルとして注目を集めています。保湿効果にも優れ、石けんや化粧品にも利用されています。

何千年も昔からオリーブを利用してきた地中海沿岸の人々は、オリーブオイルの高い効果を経験的に知っていたのでしょう。今も世界中で、赤ちゃんの離乳食にオリーブオイルを与えたり、オイルでマッサージしたりしているのも、オリーブの知恵が脈々と伝えられているからでしょう。

NP-Y.Itoh

オリーブの病気や害虫と対策

代表的なオリーブの病気や害虫を紹介します。日ごろからオリーブをよく観察して病気や害虫を早く発見し、早期に対処しましょう。

※ 薬剤の情報は2018年9月現在。

これらの症状や害虫を見つけたら速やかに対処しましょう（81〜85ページ参照）。

炭そ病
果実が黒くなり、縮んで落果する。

梢枯病
枝先から枯れる。

オリーブアナアキゾウムシ
幼虫が幹の地際の内部を食害。幹の地際から木くずが出る。

幹から出る木くず

成虫

幼虫

木肌がぼこぼこと荒れている部分を削って幼虫を捕殺。

ゴマダラカミキリ
幼虫が幹の地際の内部を食害。幹の地際から木くずが出る。

幼虫

成虫

コガネムシ類
幼虫が根を食害。

幼虫

スズメガ
幼虫が葉を食害。

幼虫

ハマキムシ類
幼虫が葉を綴り、その中で食害。

幼虫がいる葉

幼虫のふん

ヘリグロテントウノミハムシ
幼虫が葉肉を食害。

幼虫の食害痕

成虫と食害痕

病気

炭そ病

発生時期 7〜11月。果実が大きくなってくるころから被害が目立つ。
原因 カビ（糸状菌）。
症状 初めは果実の表面に褐色の斑点ができ、次第に斑点が広がって果実が縮んで落果する。発病部分で増殖した病原菌の胞子が、水やりの水滴や雨によって飛散し、周囲へ伝染する。

一度発生すると伝染しやすく、オリーブの産地ではこの病気が収穫量を下げる原因ともいわれる。特に大型の果実をつける品種で発生しやすい。
対策 病気になった果実は速やかに取り除き、病気が周囲へ伝染するのを防ぐ。落ちた果実も拾う。

被害拡大を防ぐため、日ごろから症状の発見に努める。蒸れると発生しやすいので、混み合った枝は適宜剪定し、風通しをよくする。植物をぬらさないように水は株元に与える。

薬剤はアゾキシストロビン水和剤（アミスター10フロアブル）、マンゼブ水和剤（ペンコゼブ水和剤）などを木全体に散布する。

梢枯病（しょうこ）

発生時期 5〜10月。梅雨の時期に発生が多い。
原因 カビ（糸状菌）。炭そ病が発生して枝先が侵されると、梢枯病の病原菌が侵入しやすい。
症状 最初は木の上のほうの枝先が落葉して茶色く枯れ込む。症状は次第に広がり、枝全体が枯れる。
対策 枝の枯れた部分をすべて切り取って処分する。病気が枝全体に広がる前に症状を発見して早期対処する。適宜剪定して風通しをよくするなど、炭そ病が発生しにくい環境をつくる。

薬剤は、チオファネートメチル水和剤（トップジンM水和剤）を木全体に散布する。

落ちた果実や枯れ枝、枯れ葉も掃除。

害虫

オリーブアナアキゾウムシ

発生時期 成虫は3月下旬～11月。幼虫は一年中。

特徴 甲虫の仲間。オリーブにとって最も手ごわい害虫。モクセイ科の植物を好む。幼虫は乳白色のイモムシで、幹の樹皮や内部を食べる。成虫は体長1.5cmほどで小さく黒く、口吻が長い。成虫は新芽や樹皮などを食べるが、幼虫ほど被害は大きくない。

症状 幼虫の食害によって木が弱る。葉が黄色くなって落ち、実つきが悪くなる。木が枯れることもある。

幼虫がすんでいる木は、幹の地際から、おがくずのような茶色い木くずが出てくる(木くずは幼虫のふん)。また、本来はなめらかで美しいオリーブの木肌が、ぼこぼこと荒れてくるので、すぐに異変がわかる。

生態 成虫は3月下旬ごろ越冬状態から覚め、平均気温が15℃を超える4月下旬～11月まで活発に活動する。冬は樹皮下などで越冬する。

成虫は昼間、株元の落ち葉の下や雑草に潜み、夜に活動する。産卵も夜に行い、雌成虫が地際部分の樹皮に口吻で穴をあけて1粒ずつ卵を産む。成虫の寿命はおよそ3～4年。

卵からかえった幼虫は、最初は浅い樹皮下を食べ、成長するにしたがって幹の内部を食べ進む。幼虫は夏の場合でふ化から約2か月後に幹の中でさなぎになり、成虫になると木から出てくる。秋の幼虫は幹の中で越冬する。

対策 成虫は見つけしだい捕殺する。木肌がざらざらした部分をマイナスドライバーなどで削ると、食害された木質部がくずれるので、中にいる幼虫を引っ張り出して捕殺する。

日ごろから、成虫、幹から出ている木くず、木肌の異常などの早期発見に努める。成虫が昼間に隠れる場所がないように、落ち葉掃除や除草などをして、株元を常にきれいにしておくと、被害を早く見つけやすくなる。

薬剤は、MEP乳剤(スミチオン乳剤)、ペルメトリン水和剤(アディオン水和剤)、クロチアニジン水溶剤(ベニカ水溶剤)、クロチアニジン液剤(ベニカベジフルスプレー)などを、地際から1mの範囲を中心に、幹に散布する。

ゴマダラカミキリ

発生時期 成虫は5月下旬～7月。幼虫は7月～翌年4月。

特徴 甲虫の仲間。さまざまな樹木に発生する。幼虫は「テッポウムシ」とも呼ばれ、乳白色のイモムシで、地際に近い幹の中で木の内部を食べる。成虫は若枝の樹皮を食べて枝先をしおれさせるが、幼虫ほど被害は大きくない。

症状 幼虫の食害によって、木が弱る。落葉し、実つきが悪くなり、木が枯れることもある。

幼虫がいる場合、幹の地際近くに小さく円い穴があき、そこから、おがくずのような茶色い木くずが出てくる（木くずは幼虫のふん）。

生態 成虫は体長2.5～3.5cmで、背中に白い斑点がある。7月ごろ、幹の表面に卵を産みつける。

卵からかえった幼虫は、幹の内部を食べ進み、成長すると体長5～6cmになる。そのまま越冬して、春にさなぎになり、成虫になると外に出てくる。

対策 成虫を見つけしだい捕殺して産卵を防ぐ。幹に穴を見つけたら、針金などをさし込んで幼虫を退治する。

日ごろから成虫、幹から出る木くず、木肌の異常などの早期発見に努める。

薬剤は、成虫発生初期に、ボーベリア・ブロンニアティ剤（バイオリサ・カミキリ）を、地際近くから出ている枝などに巻いておく。

コガネムシ類

発生時期 成虫は5～9月。幼虫は一年中。

特徴 甲虫の仲間。幼虫は乳白色のイモムシで、土の中にすみ、さまざまな植物の根を食べる。そのため「ネキリムシ」と呼ばれることもある。

症状 幼虫が根を食べるため木が弱り、葉が黄色くなって落ち、木が枯れることもある。根は、細い根が食べられて骸骨のようになる。

生態 コガネムシの仲間にはさまざまな種類があり、成虫が昼間に活動するもの、夜に活動するものなどがいる。

成虫は土の中に卵を産む。卵からかえった幼虫は、土の中で成長して越冬し、翌年の春にさなぎになって、5月ごろに成虫になると地上に出てくる。

対策 成虫を見つけしだい捕殺して産卵を防ぐ。成虫は周囲のさまざまな植物から飛来して産卵する可能性があるので、日ごろから成虫の発見に努める。

幼虫は土の中にいるので発見が難しい。植え替えや植えつけの際、幼虫がいたら捕殺する。枝や葉に異変が起こって、地上部に原因が見つからないときは、土の中を見てみるとよい。

オリーブのコガネムシ類に登録のある薬剤はない。

スズメガ

発生時期 6〜10月。

特徴 チョウやガの仲間。スズメガはさまざまな樹木に発生するが、オリーブに多いのはサザナミスズメという種類。この幼虫は緑色のイモムシで、腹の先に角のような突起がある。成長すると体長5〜7cmにもなるが、オリーブの新梢と同じ色をしているので見つけにくい。

症状 幼虫が葉を食べる。幼虫が大量に発生することは少なく、小さい幼虫は食べる量も少なくて目立たない。しかし、すぐに成長して食欲も旺盛になり、葉がどんどん食べられてしまう。

木の下などに3〜4mmのころころした黒い粒（幼虫のふん）が落ちていたら、幼虫がいる目印。

生態 サザナミスズメの場合、成虫は直径約2mmで薄緑色の卵を、葉に1個ずつ産む。

葉を食べて成長した幼虫は地中に潜り、さなぎになる。さなぎで越冬する。

対策 葉裏もよく見て、幼虫を見つけしだい捕殺する。黒いふんが幼虫発見の手がかりになる。

薬剤は、成長した幼虫には効果が劣るので、幼虫が小さいうちに、BT水和剤（デルフィン顆粒水和剤、ファイブスター顆粒水和剤）を散布する。

ハマキムシ類

発生時期 4〜11月。

特徴 チョウやガの仲間。ハマキムシと呼ばれる虫にはいろいろな種類があるが、オリーブなどのモクセイ科の木に発生するのはマエアカスカシノメイガなど。幼虫は体長1〜2cmほどのイモムシで、葉を食べる。

症状 葉が白い綿状の糸で綴られたり、巻かれたりする。その中に幼虫がいて、葉を食べている。新芽の時期に発生すると、花つき、実つきに影響する。結実期には幼虫が果実に潜り込んで果肉を食べることもあり、収穫量が減る。

生態 成虫は葉裏に卵を産む。卵からかえった幼虫は白い糸を出して葉を綴る。綴られたり巻かれたりした葉は幼虫の食べ物でもあるが、すみかでもあり、やがてその中でさなぎになる。

対策 幼虫がいる葉や、穴のあいた果実を見つけしだい切り取って、中にいる幼虫と一緒に処分する。

薬剤は、BT水和剤（ゼンターリ顆粒水和剤、デルフィン顆粒水和剤など）を散布する。

ヘリグロテントウノミハムシ

発生時期 成虫は一年中。幼虫は主に5〜6月。

特徴 甲虫の仲間。モクセイ科の樹木に発生する害虫。幼虫は葉の中に潜り込んで葉肉を食べる。幼虫はイモムシ

状で、成長すると体長約5mmになる。成虫は体長3〜4mmと小さい。成虫は葉裏を食べるが、幼虫よりは被害が小さい。

　成虫はテントウムシにそっくりで間違えやすいが、テントウムシより体が一〜二回り小さい。

症状 葉の中にいる幼虫が食べた部分が茶色くなって枯れる。幼虫の食べ痕には黒いふんも見られる。発生が多いと葉の被害も多くなり、木も弱る。

生態 成虫は新芽や新葉に産卵する。幼虫は成長すると、土の中に潜ってさなぎになり、成虫になると地上に出てくる。冬は成虫が落ち葉の下などで越冬する。

対策 葉の中にいる幼虫を見つけたらつぶすか、葉ごと処分する。成虫も見つけしだい捕殺する。成虫は枝葉を揺らすと飛び跳ねて逃げるので、逃がさないように。冬は落ち葉などを掃除して、成虫の越冬場所をなくす。

　オリーブのヘリグロテントウノミハムシに登録のある薬剤はない。

防除の基本

日々の防除
❶発病部分では病原菌が増殖しています。伝染源をなくすため、病気になった枝葉や果実は、見つけしだい取り除いて庭の外で処分します。
❷害虫は見つけしだい捕殺します。
❸オリーブアナアキゾウムシなどの発生を早く見つけたり、さまざまな害虫のすみかを減らしたりするため、落ち葉や雑草は取り除き、株元は常にきれいにしておきます。
❹病気や害虫は樹勢の弱った木で発生しやすいので、日々の作業や管理により木を健全に育て、再発防止と予防に努めます。

薬剤（農薬）を使う場合
❶果実を利用するオリーブの場合、薬品のラベルや説明書の「作物名」の欄に、「果樹類」「オリーブ」と明記されたものを使用します。

❷ほかにもラベルや説明書に書かれた内容を厳守します。
- 「適用病害虫名」（効果がある病害虫）
- 「希釈倍数（希釈倍率）」（散布時に薬剤を薄める濃度）
- 「使用回数」（1年間に使える回数）
- 「使用時期」（収穫○日前など）

　注意事項もよく読んでから散布をしましょう。発生前から発生初期の散布が効果的です。
❸風が強い日は薬剤散布をやめます。散布は涼しい朝夕に行います。
❹薬液を浴びないように、帽子、防護メガネ、マスク、手袋、長袖・長ズボンを着用し、風上から風下に向かって薬液を噴射します。
❺散布に際しては、薬液を周囲に飛散させないように注意します。庭や洗濯物などを片づけ、ご近所にひと声かけてから行いましょう。

オリーブのふやし方

オリーブはさし木、タネまき、つぎ木でふやせます。一番簡単なのは、さし木の太木ざしです。

さし木（太木ざし）

適期＝1〜2月

一番成功率が高いふやし方です。強剪定などで直径5cmほどの枝を入手したら、すぐに行ってみましょう。オリーブは生命力が強いので、枝だけでもたくましく根を出します。

剪定した枝は、乾かさないようにすぐにバケツなどに入れた水につけ、できるだけ早く用土にさします。

鉢にさすほか、庭の日当たりのよい場所を直径50cmほどよく耕し、穴を掘って枝をさすこともできます。

さし木後の管理 ほかの鉢植え同様、日当たりのよい場所で、用土を乾かさないように水やりをして管理します。新芽が伸びるまで、冬は戸外で約4か月かかりますが、暖かい場所で管理すると1〜2か月後に伸び始めます。

さし木から約1年後、根がしっかりと伸びたら、ほかの鉢植え同様に肥料を施します。3〜5年後には果実をつける大きさに成長します。

用意するもの
・枝（直径5cm、長さ30cm程度、木肌が緑色を帯びた枝）
・用土（草花用や野菜用の培養土など。元肥入りがよい）
・10号鉢　・鉢底網
・品種名を書くラベル

枝の上下を確かめて用土を入れる
鉢底に用土を入れ、枝の上部が鉢縁から2〜3cm出るように深さを調節する。さらに用土を入れて枝を埋め、鉢底から流れ出るまで水を与える。

新芽が伸びてくる
まだ根が十分に伸びていないので、あと半年くらいは枝を動かさないように注意。

さし木（緑枝ざし）

適期＝6月〜7月上旬

元気のよい新梢をさします。発根するまで湿度を保つ必要があり、果実をつけるまで5年以上かかるため、上級者向きです。

さし木後の管理 さした鉢は水を入れた鉢皿などに置き、下から水を吸わせて、常に用土が湿っている状態を保ちます。鉢底から白い根が見えたら、1株ずつ鉢上げし、成長に合わせて植え替えながら育てます。

用意するもの
・枝（若く元気がよい枝先）
・清潔な用土（市販のタネまき、さし木専用の培養土など）
・5〜6号鉢
・鉢底網
・鉢皿
・バケツ、コップ
・割りばし
・品種名を書くラベル

穂木をつくる
最初に、剪定した枝をすぐにバケツに入れた水にさし、2時間ほどおく。枝を3節つけて長さ10cmに下から切り分ける。切り口は斜めに。上の葉2枚を残して下の葉を取り、2時間ほど吸水させる（写真）。

長さ10cm、葉2枚に調整した穂木。

葉が重ならないように鉢縁に沿ってさす
鉢に用土を深さ10cmほど入れて湿らせる。割りばしなどで穴をあけて穂木をさす。

そのほかの方法

タネまき 親と同じ形質の果実は期待できません。また、多くは果実をつけるまでにおよそ15〜20年かかり、収穫量はわずかです。でも、成長の過程を楽しめます。発芽適温は13〜14℃です。発芽まで9〜16℃を2〜3か月間保つ必要があるので、3月初旬ごろ発芽適温になったらすぐにまきます。

つぎ木 適期は4月です。'カラマタ'のように、さし木では発根しにくい品種をふやすことができます。

タネまきの方法
❶ 12月上旬ごろに完熟果を採取し、そのまま冷蔵庫で乾燥させないように保存。
❷ まく時期がきたら、果実の果肉を完全に取り除いてタネを取り出す。発芽しやすくするために、タネのとがった部分を2mmほど切るとよい。
❸ 市販の無菌のタネまき用培養土を用い、清潔な平鉢にまいて、タネの3倍の厚さの覆土をする。たっぷり水を与える。
❹ 発芽まで乾燥させず、適温を保って管理。発芽までの目安は2〜3か月。

オリーブ Q&A

オリーブについてよくある質問にお答えします。

Q オリーブを2株買って、近くに置いています。花は同じ時期に両方に咲くのですが、果実が少ないのです。

A 同じ品種を2株買われたのではないでしょうか？

オリーブに結実させるには2株あったほうがよいとご存じだったのですね。でも、その2株は違う品種でしょうか？

オリーブには、自分自身の花粉だけでなく、同じ品種の花粉でも受精しにくいという性質があります。これを「自家不結実性」といいます。同じ品種どうしでは2株あっても実つきをよくする効果はありません。

そのため、2株育てるときは違う品種を栽培しましょう。苗木の購入は、信頼のおけるショップで、品種名が明記されているものを選ぶことをおすすめします。

なお、自分の花粉で受精しやすい品種もありますが（自家結実性）、それでもほかの品種があったほうが、実つきはよくなります。

Q オリーブを室内で育てられますか？

A 観葉植物のように栽培できますが、果実をつけさせたい場合は、完全な室内栽培だと難しいです。

オリーブは日当たりのよい室内で、観葉植物のように栽培できます。でも、一年中室内で栽培して結実させるのは難しいでしょう。

オリーブに果実をつけさせるには、冬に10℃以下の低温に20日間以上当てる必要があります。そのため、果実を楽しむには、室内でそのような条件を満たす場所を探すことになります。また、室内は日当たりのよい場所でも戸外に比べて光量が少ないため、木が果実をつけるだけの栄養を十分に蓄えられない可能性もあります。

果実を楽しむなら、ぜひ戸外でたっぷり日光を浴びさせ、自然の気温の中で栽培してください。冬に鉢植えを室内に入れる寒冷地の場合も、ほかの季節は戸外で栽培します。

Q 日当たりがよく、水はけのよい場所に植えています。見上げるほど大きくなりましたが花が咲きません。

A 剪定したり根を切ったりして、オリーブを少し驚かせてみてください。

植物には自分の体を大きく成長させる「栄養成長」と、花を咲かせ、果実をつける「生殖成長」があります。一般的に、若木のうちは栄養成長を行い、成木になると子孫へとつなげる生殖成長を始めます。

ところが、栽培環境のよい場所で放任していると、オリーブは栄養を自分の体を大きくすることにだけ使い（栄養成長）、なかなか生殖成長を始めようとしません。つまり、居心地がよすぎて子孫を残す気にならないのです。

結実させるには、オリーブに身の危険を感じてもらいましょう。具体的には、剪定や根切りによって木にストレスを与えます。根の切り方は、枝先から一～二回り内側（51ページの施肥と同様）にショベルをさし込み、ざくざくと根を切ります。そうすると生殖成長を始めるようになります。

鉢植えの場合、根を張る場所が限られているので、もともとストレスがかかっているのですが、それでも咲かない場合は剪定が効果的です。

Q 実つきが1年おきに悪いのです。何が原因なのでしょうか？

A オリーブに「隔年結果」という習性があるからです。

隔年結果とは、果実をよくつける「なり年（表年）」と、実つきが悪い「不なり年（裏年）」が1年ごとに交互に繰り返される習性のことです。オリーブはもともと隔年結果性をもつ植物なので、心配することはありません。この習性は、リンゴ、ウンシュウミカン、カキなどいろいろな果樹で見られます。

隔年結果を避けて毎年の収穫量を安定させるために、いろいろな果樹で、早期の摘果によって果実の数を調整する方法がとられていますが、家庭では残す果実数の見極めが難しいかもしれません。その場合、オリーブには毎年よく果実をつける品種もあるので、それらを栽培するのもよいでしょう。

枝を十分に伸ばせるスペースがある庭植えでも、剪定作業を欠かさずに。

Q 沖縄に住んでいますが、オリーブは実がつかないと聞きました。本当でしょうか？

A 沖縄本島で結実している事例があります。

オリーブが開花・結実するには、冬に10℃以下に20日以上当てる必要があるといわれます。沖縄ではその条件を満たすのが難しいので、果実を収穫するのは不可能といわれてきました。

ところが、筆者は2018年春に沖縄本島の浦添市で満開のオリーブの花を見かけました。その後、果実が実っているという知らせも来ました。2018年1月下旬〜2月上旬には沖縄にも寒気が流れ込み、平年以上に寒かった影響もあるのかもしれません。また、沖縄北部では果実生産の事例があるとも聞きます。

花芽ができる条件などまだ不確かな点もありますが、沖縄でも絶対に果実がつかないというわけではないようです。オリーブは果実がつかなくても、樹形や葉が美しいので、ぜひ南の地方でも育ててみてください。

Q うちのオリーブは雄株なのでしょうか？長く育てていても実がなりません。

A オリーブに雌雄はありません。

雄株とは、雄しべだけをもつ雄花を咲かせる木のこと、雌株は雌しべだけをもつ雌花を咲かせる木のことです。

まだオリーブが普及しておらず、よく知られていなかったころ、オリーブには雄株と雌株があるという誤った情報が伝わったことがあります。

でも、オリーブに雌雄はありません。果実がつかない理由は、自家不結実性がある品種を1株だけ栽培しているか、適切な剪定や管理をしていないので木に果実をつける体力がないのか、冬の寒さに当たっていないのか、さまざまな理由が考えられます。ほかの品種をもう1株栽培したり、12〜13ページを読んで作業や管理を見直したりしましょう。

沖縄県浦添市で出会ったオリーブの花。

Q&A

Q 12月の終わりまでついている果実を、このまま観賞していてよいでしょうか？

A 収穫は年内に終わらせましょう。

年が明けても果実をつけたままにしておくと、果実が木の栄養を奪ってしまい、栄養不足で翌年の実つきが悪くなります。そのため、木のことを考えると、収穫は12月の終わりまでには終わらせましょう。例えばオリーブ産地の小豆島では、遅くとも12月上旬までには収穫を終えるのが一般的です。

冬の生育停滞期に十分に木を休ませることが、翌年の花つき、実つきをよくするために必要です。

Q 関東地方以西ですが、毎年花の咲く時期が栽培カレンダーとずれています。木の調子が悪いのでしょうか？

A 地域やその年の気候によって違ってきます。

ひと口に関東地方以西といっても、ソメイヨシノの開花が地域によって異なるように、オリーブの花の咲く時期も地域によって違います。また、その年の気候にも左右されます。

そのため、作業を行う際には、園芸の解説書に書かれた時期を目安にして栽培しているオリーブの木をよく観察し、状態を確かめましょう。特に春の作業は、芽の動きや花の咲き具合などを確認しながら行う必要があります。

Q ロシアンオリーブはオリーブではないのですか？

A ロシアンオリーブはグミの仲間で、オリーブではありません。

ロシアンオリーブを、シルバーの葉がとても美しいオリーブの品種だと思って購入される方が多いようです。名前に「オリーブ」とついていますが、オリーブとはまったく違う植物です。

オリーブはモイセイ科の高木で、冬も葉がある常緑樹です。それに対し、ロシアンオリーブは和名をヤナギバグミといい、グミ科の高木で、冬には葉を落とす落葉樹です。樹形がオリーブに似ていることから、このような名前がつけられて売られています。

ロシアンオリーブもオリーブ同様に、果実を収穫したり、シンボルツリーや生け垣などに利用したりできます。秋に実る赤い果実はジャムなどにも。

残念ながらオリーブの果実はつきませんが、ロシアンオリーブも姿が美しく、果実もおいしいので、大切に育ててください。

日本の オリーブ栽培の 歴史

オリーブの木が最初に日本に来てから約150年。全国にオリーブ畑が広がっています。

オリーブが日本に来る

　最初に日本に来たのは、約400年前の安土桃山時代、ポルトガル人宣教師が持ち込んだオリーブオイルでした。しかし、鎖国政策のため、オリーブは日本には広まりませんでした。

　江戸時代の終わりごろ、最初のオリーブの木が日本に輸入されました。その木は医師の林洞海によって横須賀に植えられたといわれます。その後、植物園などでも栽培されましたが、本格的な栽培試験がスタートしたのは、明治時代の後半になってからでした。

本格的な栽培へ

　明治41年、当時の農商務省によって、三重、鹿児島、香川の3県に苗木が植えられました。順調に生育したのは香川県の小豆島だけでした。やがて栽培は近県にも広がりますが、昭和34年の輸入自由化政策で安価なテーブルオリーブやオイルが海外から輸入されるようになったのをきっかけに、栽培面積は減っていきました。

全国でふえるオリーブ畑

　しかし近年の健康ブームとイタリア料理の普及などによりオリーブ栽培は盛り返しています。香川県での栽培面積は2009年に約100haだったのが2012年には約160haに、また、全国での栽培面積も2013年に300ha近くになり、10年間で5倍以上ふえました。各地の耕作放棄地にも植えられ、小豆島のある香川県のほか、九州や関東地方、静岡県でも栽培がふえています。

　なかでも国内一のオリーブ生産地は、やはり最初にオリーブ栽培に成功した小豆島です。小豆島にある道の駅・小豆島オリーブ公園を訪ねると、さまざまな品種の木や、歴史、産業の資料などを見ることができます。

香川県小豆島での栽培風景。瀬戸内海を見下ろす斜面に植えられたオリーブの木立が美しい。

苛性ソーダの取り扱いについて

グリーンオリーブの新漬け（26〜27ページ）に使用する苛性ソーダの取り扱いについて解説します。

市販の苛性ソーダ。
NP-T.Narikiyo

● 苛性ソーダは劇物

苛性ソーダは、一般的に水酸化ナトリウムのことを指します。薬局で購入できますが、毒物及び劇物取締法で「劇物」に指定されているので、購入時に身分証明書や印鑑が必要です。

● 果実を漬けるときの注意

苛性ソーダは水に溶けるときに激しい熱を出します。これを「溶解熱」といいます。また、溶液は強いアルカリ性です。**「水に苛性ソーダを入れる」という順序を守る**　苛性ソーダに水を入れると、一気に発熱して沸騰します。そのため、必ず、先に水を用意し、そこに苛性ソーダを少しずつ入れるという順序を守ってください。溶かしたあとは、自然に熱が冷めるのを待ってから果実を入れます。
容器はガラス製またはポリ製のものを　強アルカリ性溶液は金属を腐食させるため、金属製の容器では穴があいてしまいます。容器はガラス製かポリ製のものを使います。容器の大きさは、溶かす水の5倍以上の容積のものを用意します。
長袖の衣類、エプロン、帽子、防護メガネ、マスク、ゴム手袋などを着用し、換気のよい場所で作業　アルカリ性の溶液はたんぱく質を溶かすため、決して皮膚、目、口などが触れないように、体を保護して作業します（毛糸も溶けます）。低濃度の飛沫が皮膚についただけでも、ぬるぬるしたやけどのような症状を起こし、目などに入ると重大な症状につながることもあります。万が一溶液に触れた場合は、すぐに大量の流水で洗い流し、医療機関を受診してください。

● 廃液の捨て方

アク抜きをしたあとの苛性ソーダ溶液は中和させてから捨てます。そのまま浄化槽や下水に捨てると、設備や環境に悪影響を及ぼすおそれがあります。

ここでは、比較的入手しやすい日本薬局方（厚生労働省の規格基準書）の30％酢酸を使い、2％濃度の苛性ソーダ溶液でアク抜きをした溶液の捨て方の例を紹介します。

廃液は換気のよい場所で中和処理をする　苛性ソーダ廃液1ℓにつき酢酸24mℓ前後とpH試験紙を用意します。廃液を大きなポリ容器などに入れ、酢酸を静かに少しずつ加えます。よく混ぜたらpH試験紙で酸度を調べます。pH5.0〜9.0になれば処理は完了です。それ以降の廃液を捨てるときも同様です。

処理した廃液は水で10〜20倍に薄めると、庭の打ち水や水やりなどに使えます（肥料焼けを起こしやすい植物などには使用しないでください）。

Shop Data

オリーブの苗木が買える主なショップ

主なショップを紹介します。苗木を購入されるときに参考にしてください。
※2018年9月現在。

● コピスガーデン
〒325-0001
栃木県那須郡那須町高久甲 4453-27
TEL：0287-62-8787
http://omoricoppice.blog108.fc2.com

● パワジオ倶楽部・前橋
〒371-0836
群馬県前橋市江田町 277
TEL：027-254-3388
http://www.powerdio.com

● GREEN JAM
〒343-0015
埼玉県越谷市花田 4-9-18
TEL：048-971-8767
https://www.greenjam.jp/

● オザキフラワーパーク
〒177-0045
東京都練馬区石神井台 40-6-32
TEL：03-3929-0544
https://ozaki-flowerpark.co.jp/

● オリーブガーデン オンラインショップ
〒157-0062
東京都世田谷区南烏山 1-25-1
TEL：03-6240-1717
https://olivegarden.jp

● プロトリーフ ガーデンアイランド玉川店
〒158-0095
東京都世田谷区瀬田 2-32-14
玉川高島屋 S・C ガーデンアイランド内 2F
TEL：03-5716-8787
http://www.protoleaf.com/

● ヨネヤマプランテイション ザ・ガーデン本店
〒223-0057
神奈川県横浜市港北区新羽町 2582
TEL：045-541-4187
https://www.thegarden-y.jp/shop/ypt.html

● サカタのタネ ガーデンセンター横浜
〒221-0832
神奈川県横浜市神奈川区桐畑 2
TEL：045-321-3744
http://www.sakataseed.co.jp/gardencenter/

● 陽春園植物場
〒665-0885
兵庫県宝塚市山本台 1 丁目 6-33
TEL：0797-88-2112
http://www.yoshunen.co.jp

● 道の駅小豆島オリーブ公園
〒761-4434
香川県小豆郡小豆島町西村甲 1941-1
TEL：0879-82-2200
http://www.olive-pk.jp

● 平田ナーセリー
〒839-0822
福岡県久留米市善導寺町木塚 288-1
TEL：0942-47-3810
https://hirata-ns.com/

● メイクマン浦添本店
〒901-2133
沖縄県浦添市城間 2008
TEL：098-878-2777
http://www.makeman.co.jp

用語ナビ

Term Nav.

「ブラックオリーブの収穫はいつ？」「肥料はいつ？」。探したい用語があったらここを見てください。この本の栽培用語や食べ方をナビゲートします。

● このページの使い方
数字は用語の説明や作業の方法、写真があるページです。ここに説明を記した用語もあります。

あ

植えつけ、植え替え　54〜59
枝　8, 32〜34, 42〜47
オリーブオイル　15, 22〜23, 30〜31, 77, 79
オリーブティー　31, 75

か

開張型　14, 16
隔年結果　9, 89
果実　9, 12〜13, 15, 22〜23, 42, 88〜91
果実の塩抜き　→塩抜き
下垂型　16
苛性ソーダ　26〜27, 93
カラースケール　22〜23
強剪定　47　→剪定
グリーンオリーブ　22, 24〜27

さ

さし木　86〜87
塩漬け　22〜23, 24, 28〜29
塩抜き　25
自家結実性　12, 16, 88
自家不結実性　12, 88
仕立て方　48〜49
収穫　22〜23, 73, 91
樹形　14, 16, 42, 44, 46〜49
樹高　8, 16
樹勢
　木の勢いのこと。樹勢が強いとは、勢いのある新梢が多く伸びてくる状態。
人工授粉　63
新梢　その年に伸びた枝。
新漬け　22, 24〜27
成木　13, 89

石灰類　51
施肥　→肥料
剪定　10, 12, 42〜49, 55, 57, 67
ソフトピンチ　60

た

タネまき　87
直立型　14, 16
つぎ木　87
テーブルオリーブ　15, 22
摘果　65
土壌改良　51
徒長した枝　45

な

苗選び　11
根　9
根腐れ　9
根詰まり　9, 54

は

葉　8〜9, 15
花　9, 12
日々の剪定　67　→剪定
肥料　11, 13, 50〜51
微量要素　50
太木ざし　86
冬の剪定　42〜45　→剪定
不要な枝　44〜45
ブラックオリーブ　23, 24, 28〜29
平均気温　10
ペースト　23, 28

ま、や、ら

水やり　10, 13, 69
メープルシロップ漬け　23, 24, 29
用土　11, 54, 56
緑枝ざし　87
冷凍保存　29

95

岡井路子（おかい・みちこ）

1956年、福岡県生まれ。主婦業と仕事を楽しく両立させているガーデニングカウンセラー。テレビや雑誌、講演などで園芸の魅力を伝えながら、1990年代前半より、生産地を訪ねて栽培方法や果実の利用のノウハウを取材するなど、オリーブを探求。『決定版 育てて楽しむオリーブの本』（主婦の友社）などの著書がある。

NHK趣味の園芸
12か月栽培ナビ⑩

オリーブ

2018年10月20日　第1刷発行
2023年12月15日　第7刷発行

著　者　岡井路子
　　　　©2018 Okai Michiko
発行者　松本浩司
発行所　NHK出版
　　　　〒150-0042
　　　　東京都渋谷区宇田川町10-3
　　　　TEL 0570-009-321（問い合わせ）
　　　　　　 0570-000-321（注文）
　　　　ホームページ
　　　　https://www.nhk-book.co.jp
印　刷　TOPPAN
製　本　TOPPAN

ISBN978-4-14-040284-9　C2361
Printed in Japan
乱丁・落丁本はお取り替えいたします。
定価はカバーに表示してあります。
本書の無断複写（コピー、スキャン、デジタル化など）は、著作権法上の例外を除き、著作権侵害となります。

表紙デザイン
岡本一宣デザイン事務所

本文デザイン
山内迦津子、林 聖子
（山内浩史デザイン室）

表紙撮影
伊藤善規

本文撮影
田中雅也
伊藤善規／入江寿紀／桜野良充／
竹田正道／成清徹也／牧 稔人

イラスト
楢崎義信
タラジロウ（キャラクター）

校正
安藤幹江／高橋尚樹

編集協力
小葉竹由美

企画・編集
渡邊涼子（NHK出版）

取材協力・写真提供
岡井路子／小倉園／花遊庭／草間祐輔／
小豆島オリーブ公園／柴田英明／
ジョイフル本田ガーデンセンター千代田店／
Studio M／パワジオ倶楽部・前橋／
メイクマン浦添本店／山田オリーブ園